色彩手册

思考建筑和城市色彩的 100 个提示

［日］加藤幸枝　著

成潜魏　龚歆洁
张卓群　何竞飞　译

机械工业出版社
CHINA MACHINE PRESS

如何选择、设计城市和建筑的"色彩"呢？本书包含3章共9节的内容，从色彩运用的基础知识和标准入手，结合著名建筑和城市实例重点讲解色彩设计实践，把色彩设计师的经验浓缩在100篇图文并茂的文章中，是对感到"使用色彩很难"的建筑、景观及城市规划相关设计师、决策者的必备指南！

Original Japanese title: SHIKISAI NO TECHOU: KENCHIKU TOSHI NO IRO WO KANGAERU 100 NO HINT

Copyright © Yukie Kato 2019

Original Japanese edition published by Gakugei Shuppansha
Simplified Chinese translation rights arranged with Gakugei Shuppansha
through The English Agency (Japan) Ltd. and Shanghai To-Asia Culture Co., Ltd

　　图档制作：伊藤祐基

　　本书由Gakugei Shuppansha授权机械工业出版社在中华人民共和国境内（不包括香港、澳门特别行政区及台湾地区）出版与发行。未经许可之出口，视为违反著作权法，将受法律之制裁。

　　北京市版权局著作权合同登记　图字：01-2020-1310号

图书在版编目（CIP）数据

色彩手册：思考建筑和城市色彩的100个提示/（日）加藤幸枝著；成潜魏等译.—北京：机械工业出版社，2021.8
　　ISBN 978-7-111-68276-9

　　Ⅰ.①色… Ⅱ.①加…②成… Ⅲ.①城市—建筑色彩—手册Ⅳ.①TU115-62

中国版本图书馆CIP数据核字（2021）第091639号

机械工业出版社（北京市百万庄大街22号　邮政编码100037）
策划编辑：时　颂　责任编辑：何文军　时　颂
责任校对：赵　燕　封面设计：鞠　杨
责任印制：李　昂
北京联兴盛业印刷股份有限公司印刷
2021年7月第1版第1次印刷
130mm×210mm・7.5印张・150千字
标准书号：ISBN 978-7-111-68276-9
定价：69.00元

电话服务　　　　　　　　　网络服务
客服电话：010-88361066　　机　工　官　网：www.cmpbook.com
　　　　　010-88379833　　机　工　官　博：weibo.com/cmp1952
　　　　　010-68326294　　金　书　网：www.golden-book.com
封底无防伪标均为盗版　　　机工教育服务网：www.cmpedu.com

《色彩手册——思考建筑和城市色彩的 100 个提示》（以下简称《色彩手册》）是为所有曾经觉得"不擅长使用颜色""颜色选择困难""颜色终究只是个人喜好""没有用色天赋"的读者写的。

我曾与政府、民营企业以及各地区的市民等不同身份的人一起工作和举办活动。通过不间断地思考地域特色景观的可持续性，我逐渐感受到"作为一个设计师，严格、明确地决定某件事情可能并没有什么意义"。

我曾多次全权负责不同规模项目的色彩和素材设计，事无巨细地仔细思考、选择、敲定每一个细节。在工作中无数次被人问道"你是根据什么选择、确定颜色的呢？"我逐渐发现比起自顾自地做决定，把选择颜色时的想法、依据以及成果分享给大家，或许能更好、更持久地发挥"色彩设计师"这一职业的影响力。

"环境色彩设计"是我的恩师吉田真悟在海外学习并实践了这一方法论之后，以日本第一个色彩设计师的身份在 1975 年开启的新领域。20 世纪 60 年代，吉田老师还是武藏野美术大学的学生，当时正好赶上了日本战后经济奇迹般的高速增长期，如雨后春笋般出现的高层建筑和林立的工厂招致的污染使日本的环境发生了巨大的变化。1975 年，吉田老师结束了在法国巴黎的色彩大师让·菲力普·郎科罗（Jean-Philippe Lenclos）工作室的留学研修后，回到了日本，据说他的第一份工作就是广岛大学的校园设计。他效仿在法国学到的"色彩地理学",收集了大学周边的泥土和民宅的瓦片等材料的颜色,这也是他将"地域调色板"作为设计基础的起点。

"每个地域都有它的色彩"对我来说是一个非常明确的指标。长期以来我们都遵循"尊重本土环境,扎根于本土文化"这一设计理念。但我不得不承认,在飞速发展的城市,以及因无法逃避开发而被迫缓慢发生着变化的小镇与山区等地的环境,每隔5年或10年,都会发生巨大的改变,"地域的色彩"正在变得越来越模糊。

虽然我的工作方针与方法的根基还没有被动摇,但我的确感受到,这些并没有成为建筑师和包括建筑、土木行政负责人在内的其他领域的人们公认的"共同价值"。

考虑到现在许多人都在苦恼如何寻求"考虑、选择、确定色彩的明确方法",我希望自己的经验和实践能派上一点用场。《色彩手册》就是一本小提示的合集,帮助读者自行推导出上述问题的最优解,不过这个最优解绝对不止一个。

其实我也无法明确地回答什么颜色好,怎样的搭配最合适。但书中提到了一些想法和有关某个环境的法则,其中便隐藏着许多提示。

如果大家能一边享受阅读，一边找到更多答案的话，就再好不过了。

书中的这 100 个实例，我想应该至少有两三个能对大家有所帮助。

本书包含 3 章共 9 节的内容，大家可以从任意部分开始阅读。贯穿全书的主题是"颜色之间的事"。同时，希望大家能够独立思考每个部分或每个项目之间的联系，通过自己的"编辑"，把它们点对点地连接起来。

对于本书希望大家不是随意地翻翻，只是觉得有趣然后就从此合上了。而是因缘际会拿出此书，翻开某页，开始试着思考如何看待和选择颜色。我已经开始期待甚至设想大家可以自由、愉悦地使用这本书了。

那么就让我们从观察与体验颜色开始吧。

在进行观察、验证和实践的时候，我们将面对的绝不是个人喜好或天赋的问题，而是时而会发生变化的、永远不会让我们厌倦的多样的色彩环境。

加藤幸枝

注：

* 书中记载了一些由孟塞尔颜色系统的色谱和使用色谱进行颜色测量的情况，不过印刷可能导致色差，所以色谱仅供参考，请大家灵活运用。

* 颜色的标记遵循孟塞尔颜色系统。例如，表示色相（色调）的时候，会用字母 YR（Yellow Red）来表示红黄色系（红色 =R，黄色 =Y，绿色 =G，蓝色 =B，紫色 =P）。关于颜色的标记和分类，详情请见"第二章第一节 – 基本色彩结构"。

目录

第一章

了解和思考颜色的 50 个小提示

作为入门内容，第一节主要由曾经许多人问过我的问题来构成。

我曾听到过各种不同的意见，例如有人不容分说地否定色彩的作用，有人说颜色只要醒目就好，有人质疑颜色到底能影响什么。希望在这里大家能跟随我一起进入从色彩设计来观察环境的视角。

第一节

关于环境色彩设计的想法

红色与城镇

提示 1

只要有它就够了

雅加达，印度尼西亚，2012　　　　　　　　　　　图 1-1

常有人问我："在研究色彩搭配、选择颜色的时候，用哪个色彩样品册作为标准比较好呢？"

色彩样品册有许多种类。收录的颜色越多，越有助于进行丰富的构思和创造。但是专业书籍价格昂贵，而且最重要的是，颜色越多的书体积越大而且不便于携带。

我推荐日本涂料工业会（日涂工）发行的《涂料用标准色彩样品册（口袋书版）》。有这一本就足够进行建筑、土木设计的色彩调查、讨论以及选择了。我习惯随身携带这本书，不管走到哪里都能马上取出来测量颜色。但这样做的时候我总会引来旁人注目"这个人究竟在做什么？"尤其是在国外调查的时候。

颜色的尺度

日本涂料工业会的《涂料用标准色彩样品册》也有宽幅版，每一种颜色都配有 12 张可以剪下来的卡片，有助于选择颜色和在现场进行色彩管理。

使用颜色样品册的目的主要有两个，一是便于选择和决定颜色，二是调查和确认颜色时作为"颜色的尺度"。如果是前者的话，不用市面上贩卖的书也可以做到，但是调查的时候作为标准的"尺度"的书必须要非常明确，所以最好使用基于颜色系统制作的色彩样品册。如果条件允许，尽可能地对应不一样的目的使用不同的色彩样品册。另外，在选择建材成品的时候，很多厂家会为每个产品准备对应的样品册，那么从选择到确定颜色的整个过程中，这个册子就会显得格外重要。

明确使用色彩样品册的目的是很重要的。是为了调查，还是为了讨论？是为了思考选择用何种颜色，还是为了从已经着色的产品中选择？《涂料用标准色彩样品册》每两年更新一次，对颜色进行增减。观察近几年修订的内容，我们会发现高明度、低色度的色群变得更丰富了。

在印度尼西亚工作的时候，我看到当地的涂饰样品册，便震惊于其鲜艳的色彩系列（图 1-1）。日本的色彩样品册上一般都标有色号和孟塞尔值等数据，以便于制作和管理色彩，而其他国家的很多色彩样品册除了编号之外还有色彩的名称。印度尼西亚的涂饰样品册中就有很多色彩名称是以动植物或者自然现象命名，这让我感受到了当地浓烈的风土和文化。

忍野村，山梨县，2012 　　　　　　　　　　　　　　　图 1-2

应该从样品中选择哪种颜色呢？

作为顾问，我常常会在各种场合绞尽脑汁地思考这个问题。

最后悟出的捷径是，去施工现场决定要用的颜色。

对象物体无论是想融入周围环境，还是要变得更引人注目，这都取决于它与周围环境中颜色的关系。所以我总是非常关注颜色之间"适当的距离感"，思考对象物体与周围物体之间"颜色的距离"。

图 1-2 是在山梨县忍野村拍摄的，当时我们正在讨论步道扶手上应该使用哪种颜色。在和政府官员以及工程负责人一起比较了样品和周边的环境之后，最终我们选择了左边两种颜色作为候选。

仔细观察环境和状况，并思考

建筑师内藤广在一次演讲会上说过："第一次去看建筑基地的时候，最好独自一人"。对此我记忆犹新。他之所以这样说，是因为和别人一起去的话，自己的感受、思考就会被旁人干扰。我也觉得视察或者调查的时候应尽量一个人，一边观察一边思考环境的这个过程的重要性毋庸置疑。日语中的"みる"对应的汉字除了"見（る）"⊖以外，还有"観（る）"⊜和"診（る）"⊜。我觉得实地考察的感觉最接近"診（る）"，就像是医生为患者诊断的样子。虽然有时候症状是肉眼可见的，但也有很多时候虽然看上去很健康，只有经过详细检查（调查）才能发现在看不见的地方发生了什么，其原因又是什么。

在现代，随着IT技术的发展，只要有网络和屏幕，我们就可以随时随地看到世界各地的地形和街道的状况。这些从图像中获取的信息作为初期资料来说无疑是足够的，但要是想解读"当地的氛围"的话，就只能通过身临其境去感受了，比如从实际前往的目的地听到的声音，还有嗅到的气味中感受到的季节感等。

近年来，我参与关于公共事业景观讨论的次数越来越多，哪怕只是决定步道扶手的一种颜色，也会涉及很多相关人员，有国家、县、市町村等部门的负责人，还有设计师、施工人员等。很多时候参与会议或前往工地视察的人数都会在十人以上。

我认为与相关人员一起讨论并决定公共物品的颜色的这个过程是非常有意义的，所以会时不时地与许多人浩浩荡荡地一起赶往场地，在施工现场根据色谱和样品进行思考。

⊖ 中文意思为"看"。——译者注
⊜ 中文意思为"观察"。——译者注
⊜ 中文意思为"调查"。——译者注

图 1-3

富士吉田市，山梨县，2016

图 1-4

　　图 1-3、图 1-4 中是山梨县富士吉田市的街道。第二次世界大战后建成的招牌建筑（商店兼住宅）鳞次栉比。从老建筑的外观可以看出，当初的主流似乎是在墙上涂砂浆，不过很多房屋都在翻修的时候被覆上了瓷砖或瓷板。

　　这种情况下，我们可以捕捉到翻修前的装饰和颜色，也可以将在翻修过程中使基调色变亮这一变化作为当地的特色加以参考。

　　我曾对富士吉田市几处住宅和店铺的翻修提出建议，考虑到当时的城市面貌，我认为应该避免极其暗或极其花哨的颜色。

应该从实地考察中得到什么

首先要进行实地考察。无论什么样的工作，实地考察都是基础。用脚步丈量土地，从稍远的地方眺望，就能逐渐地感受到当地的"氛围"了。

至于如何去把握当地的特色，调查当地的历史背景和土地利用的变迁当然是一种方法，但在研究色彩的时候，弄清楚"眼前的现状如何"更为重要。

需要观察并实际测量的大体有两点，一是目标物体的旁边和背后有什么颜色、面积有多大，二是基调色的色相与其明暗程度如何。其他比较重要的还有材料的纹理或质感，以及单色在周围环境中占的面积比等。考虑到人的尺度，如果面积很大就会给人以压迫感，即便颜色柔和或与周围的色彩相同。

在建筑设计中实地考察同样必不可少。但之前和建筑师一起在道路上散步的时候，我们惊讶地发现双方观察的角度迥然不同。我猜想建筑师们观察的是施工方法、形状、尺度感以及样式，力图找到"为什么它在这里"的必然性和合理性，或是对其做出自己的解释。色彩设计师的视角虽然有与之相似的部分，但却更侧重于找出各种要素的组合，寻找"这里有怎样的秩序"。这也可以说是色彩设计师的特点。

图 1-5

佛罗伦萨，意大利，2010

图 1-6

图 1-6 里的调色板是由在意大利佛罗伦萨采集的外墙（图 1-5）装饰碎片组成的。关于这个色群，我们有以下发现：

- 色相涵盖了一定范围，但以暖色系为中心
- 明度居中（6 左右），高明度色作为亮点（小面积）来使用
- 以低色度为主，不过暖色系中隐约带有中色度的色相（6 左右）

地域独特的秩序和法则

2004 年制定《景观法》的时候，城市规划和建筑领域的专家们的反应也是五花八门。特别是对于各个自治团体可以制定关于色彩的具体数值标准这件事，很多人都认为这是一种限制，妨碍了创造和创作的自由。

有些人觉得"城市应该是多样的""街道的色彩已经无法控制了""只在颜色上下功夫又不能让城市变美丽"等。耳闻反对限制色彩标准制定的意见之多，让我惊讶于大家原来这么关心色彩。

诚然，我也觉得多样性是理所应当的。街道被统一成相同的颜色应该很枯燥无味，何况所谓"恰当的颜色"根据规模和用途各不相同。但在对日本和其他国家各种各样的城市进行色彩调查之后，我深切地感受到，在环境中日积月累的"城市色彩"信息里，确实存在着某种秩序。

正因为有了这种秩序，创造力和多样性才得以成立。我们可以通过足球游戏来举例说明。正因为有了球场的大小、双方各 11 人、禁止用手、45 分钟半场等这些适合这个游戏的规则，每个个体才能发挥自己的力量。不过，这里的所谓秩序不是让大家非"此"不可，而是包括在一个"大致不差"的范围里。

当然，随着时代潮流的变化与国际化的趋势，有时候修改规则才能让更多的人享受游戏的乐趣。

提示 5

信息→文脉→含义

武汉市，湖北省，中国，2014　　　　　　　　　　　图 1-7

颜色包含着各种各样的信息。

当我们恰当地将其定位在某个文脉时，就能找到它的含义。

在中国湖北省武汉市进行实地考察时，恰逢武汉大学的毕业典礼。我与一群穿着相同鲜艳衣服的学生擦肩而过，回首望去，发现学生们的衣服颜色与屋顶瓦片交相呼应。后来听当地人说，这种颜色的釉瓦是武汉大学的标志，从不用于其他建筑（图 1-7）。

为什么是这个颜色呢？

即使只有微小的含义，偶尔也会让眼前的世界变得更精彩明亮。

解读并定位作为决定依据的文脉

古往今来，如何寻找"可以作为设计依据的文脉"似乎一直是建筑设计中的重要话题。众多建筑师一边从气候、风土讨论到社会、文化以及人类学，一边解读建筑与场所的关系，最终顺理成章地营造出合乎文脉的空间与环境。

我认为在"解读文脉"的时候，尤为重要的一点是设计者要有意识地"与文脉相关联"。与此同时，我觉得在评价一个设计的时候，应该重点关注文脉里各种含义之间的关联是否呈现在了设计当中，是否营造了某种基于文脉的场所。很多时候，色彩本身自带某种意象，而这种意象又能派生出很多含义。它们有时是线索，有时是限制，但如果我们能够将长久扎根于某个环境中的事物与其色彩包含的信息串联起来，去理解眼前事物的始末缘由的话，也许我们会为此动容。

在武汉市的体验也是如此。若是不知道这种特殊的瓦片色彩是大学的象征色彩的话，我想它也不会存在我的记忆里如此之久吧。

由此我学到，将色彩包含的信息"恰当地"定位在文脉中，有助于将情景深刻地保存在记忆里。除此之外，解读、定位文脉也有不一样的时空尺度。通过将信息定位在某处，或将信息与某个事物连接起来，我们或许能够营造出可以触摸到时光的环境和空间。

甲州市，山梨县，2016　　　　　　　　　　　　　　图1-8

　　图1-8是5月的某天我在山梨县甲州市的葡萄园看到的景色。地面上映着葡萄藤的影子，仿佛画满了花纹。

　　即使没有颜色或图案，我也觉得这是一个色调丰富的环境。

　　很多时候人们会因为"不想太单调"或"想要亮点"而请我做色彩设计。不能说这样不好，但我认为首先应该思考如果有颜色的话能带来怎样的效果。

颜色如何改变环境、形态和设计印象

在上美术大学的时候，我参与了很多练习课题，亲自动手来体验、验证色彩的现象。

对于不擅长创造平面和造型作品的我来说，观察不同颜色通过相互作用使外观发生变化的过程是非常宝贵的时光。在众多练习中，我最感兴趣的是色彩搭配产生的效果。这里我指的不是色彩搭配所拥有的美感或印象。举个例子，如果知道"低明度颜色与高明度颜色相比，看起来像是在后面"这个现象（→提示 58）的话，我们就能得出假说"是否可以根据这一点来强化凹凸带来的纵深感"。相反，如果知道"高明度颜色与低明度颜色相比，看起来更像在前面"这个现象的话，就可以得出假说"我们是否可以通过高明度颜色有效地强调某一部分"。

在颜色搭配中，如果其中一方的条件改变了，那么所有颜色的模样都会改变，所以我们必须经常对假说进行验证。这种相互作用的复杂性是让颜色的选择变得困难的原因之一，不过根据我在练习课题中体验了种种效果后的经验，只要有一次感受到"颜色和颜色之间是相互作用的"这一点，之后就只是应用的问题了。选择颜色时，我们必须衡量这种相互作用的效果。另外，在判断要不要使用颜色的时候，我们可以参考色彩搭配会怎样改变环境、形态与设计印象，以及会带来怎样的视觉和心理上的效果，并根据这些来探索各种可能性。

图 1-9

山中湖村，山梨县，2012/2017

图 1-10

　　如图 1-9 所示，在设计新的建筑和户外广告的时候，我们应该选择什么样的颜色呢？大家都想尽可能地表现一些想法或个性，总而言之就是要比其他广告更引人注目。说实话，这种情况下如何设计才能诚实地表达自己的想法，这在很多时候都是个难题。

　　我认为，首先必须尽可能冷静地、彻底地观察目标周围颜色的效果和影响。

　　很多地区通过"先试着使用，不满意的话再去掉"的试错方法来确定既能引起对方注意，又能让大家都觉得舒适的环境。

"如何看待颜色"的重要性

虽然我的工作内容就是使用颜色，但很多时候我都会对要不要用颜色犹豫不决。有时候，环境中物品与颜色的目不暇接的确让我感受到色彩的魅力，但如果颜色过于混乱或只是单纯的醒目的话，我们就很难欣赏其变化与多样性。

强烈的颜色对比有时会让人难以感受到这片土地和环境的特征与气氛。这并不是说使用多样的颜色和强烈的颜色对比就是不好的。举个例子，很多人都会想起闹市的霓虹灯和户外广告，还有东南亚等旅游胜地以及商业街艳丽绚烂的颜色。这些颜色与当地的历史文化，以及我们想从那里索求的欲望相吻合，从而营造出了富有魅力而又令人印象深刻的景色。

为了对富士山进行世界遗产申请，山梨县从2012 年开始就在县内各地实施环境美化项目，我被委任为景观顾问，从色彩的角度对环境进行建议与指导。在此过程中，我们一边欣赏富士山和让人心情舒畅的美丽湖畔，一边思考"这真的是游客和当地人希望看到的景色吗？"与此同时与政府人员以及当地人探讨地区资源的魅力所在，并一起实践了许多项目。

图 1-9、图 1-10 是山中湖村，图 1-9 拍摄于 2012 年 5 月，图 1-10 是 2017 年 9 月时的样子。这两张照片的差别体现的不只是广告的大小和颜色这样单纯的景观问题，而是观念问题，是从提出"如何看待第一张照片里的状况（外观）"这样的问题开始，到"让整个地区的景观好起来"这样的观念逐渐生根的结果。

提示 8 想法的依据

土壤样品，2005

图 1-11

在环境色彩设计中，推敲和选择色彩的依据之一是"建筑物的基调色应该参照自然界的色彩"。

很多人都说大地色（Earth Color）= 褐色，土气，沉重，审美疲劳……

"果真如此吗？"带着这样的想法，每次去做色彩调研的时候我都会收集各地的土和沙子，逐渐形成了图 1-11 里的模样。这些长久存在于当地的土和沙似乎无论怎样组合，看起来都很统一，而且颜色的变化也足够丰富。

就像这样，我继续倾向于从环境基调的色群中选择颜色，然后用"在周围环境中看起来如何？"这样的自我问答来验证那些已完成的作品。

为讨论如何选择颜色而设定的条件

说到"使用"颜色的时候，大家脑海中的印象很可能是用颜料在白纸上涂鸦。这么一想，比起有科学又有文脉支撑的设计依据，贸然地使用颜色似乎是一件需要勇气与觉悟的事。

然而，实际上刚开始工作不久，我就深切地体会到什么叫"现实中没有全新的状况或环境"。即使只是选择住宅的一种外墙颜色，也经常会因为窗框的颜色已经确定或者制成品的颜色贫乏，而只能在有限的样品中进行选择。就像这样，每一种设计都必然有种种前提条件，经过这些条件的层层过滤，可供选择的颜色范围就自然而然变小了。所以，与其说"用色彩去创造新的景色"，倒不如说是"通过利用色彩设计去反复琢磨可以创造出怎样的风景"这种实验般的意味。

在设计中，我们确实会使用颜色，但不是以像恶作剧一样使用多种颜色或令人印象深刻的颜色为目的。色彩搭配的教科书中经常会提到诸如使基调色和亮点色等协调组合的色彩搭配方案。教科书上的内容的正确性毋庸置疑，但如果不像上文那样和已有的色彩相互关联的话，很多时候色彩搭配并不能恰到好处地发挥其作用。

我们首先应该思考的是"这个颜色在这种情况下看起来如何？"

前

图 1-12

后

富士河口湖町，山梨县，2017

图 1-13

图 1-12、图 1-13 是在山梨县富士河口湖町进行的环境美化项目。

怎样做才能让位于国立公园内的旅馆的外观既能融入地区景观，又能给人更具趣味的印象呢？我们一边听取业主的意见，一边进行阶段性的模拟，对候选颜色进行选择，并最终提出了方案。

考虑到旅馆的外观设计是以山间小屋为原型，作为背景的山色会随着四季而变化等因素，我们决定将自然界的基调色（YR 系）作为建筑的基调色。

然后加强招牌的明暗对比，在减少其面积的同时增强视觉吸引力。在这个项目中，作为顾问，我将选项与选择依据一并告知了大家。图 1-13 是将最终决定权交给业主后的成果。

和有关人员共享判断标准

在讨论设计方针的过程中，大部分时间我们都在进行实地调查，并尝试找出这个地点和地区的色彩特性。但更多时候，因为诸多其他因素的干扰，我们难以做出判断。

在此过程中，很重要的一点是将"如何整理主要因素，最终以什么为重点"用语言表述出来，并将验证的过程可视化。在讨论和决定公共设施的时候更为如此。

有人说"设计师只要做出好的东西，社会自然会改变"。我不否认存在这样的现象，但对于需要长期维持和管理的公共设施来说，我认为设计师必须为让公共设施在建设完成、投入使用之后仍能得到最妥善的维护而努力。

在做决策的时候，不能是某个人的随心所欲，也不能为追求稳妥采用多数表决，而应当由专家提出让每个人都能做出恰当判断的方法和方针，协助大家一起做出决策。做到这一点的确很难，甚至有时候我也不确定对于地区来说这是否真的是件好事。

但在现实生活中很多人都在为"如何选择和决定颜色"而烦恼。所以我认为只要将"选择颜色的依据"以及"有哪些注意事项"等视角分享给大家，让大家进行"尝试"并"反馈结果"，这样大家的判断就会变得更加精准。

老师曾经说过"要在力所能及的范围内据理力争"。我想只有实际感受并认同了最后的决定，才会真正觉得"我在决定颜色时做出了恰当的判断"。

涩谷区，东京，2008

图 1-14

想要使用颜色的时候，可以尝试用在"靠近行人视线或者可移动的物体"上。

图 1-14 中车库的门（＝可移动的物体）用的是 YR 系。

前方有一棵树，树皮和隐约可见的泥土的颜色也是 YR 系的，所以车库门与周围环境在色相上是互相关联的。此外，房屋外壳的混凝土是 Y 系，树木的绿是 GY 系。再把车库门的 YR 系算进来的话，我们可以发现这 3 种颜色是由相近的色相统一起来的。

如果让我来决定这个车库门的颜色的话，该用什么色相、明度和色度呢？在街上走着的时候，我常常会身临其境地思考可移动与不可移动的物体之间色彩的关联。

建立与当地物体的关联

使用颜色的时候，如何判断成功或失败呢？这个问题很难回答。不过，如果认为"没有失败"就是"成功"的话，我想或许可以用"色彩是否协调"来判断。

色彩协调有几个模版，尝试这些模版的效果，我们会发现其实周围的所有物体都形成了某种色彩之间的协调。

西方绘画可以用色相的 3 色协调、4 色协调的法则来解释，这一点在美术评论家兼解剖学者布施英利先生的《理解色彩就能理解绘画（色彩がわかれば絵画がわかる）》（光文社，2013 年）里有详细的说明。不过，这里所说的协调只不过是一种模版，所以虽然是相同的 3 色协调，但它的色调可以完全不同。另外，3 种颜色的选择只要符合模版就可以，因此没有什么颜色是不可或缺的。

关于建筑外部的装饰和物品，我的一贯主张是考虑已有的颜色（色相），并选择能与它们形成某种关联的颜色。比如图 1-14 里车库门的颜色恰到好处，是一个不错的 "亮点"。语言学中的"亮点"是高低强弱搭配的意思，在色彩学中，我们同样可以将其理解为通过调配颜色的高低强弱，达到掩饰或凸显基调色的效果。不过，这到底只是一种假说或者是一种解决方法。我也遇到过很多设计者认为用这种协调论来解决问题很无趣。但如果不亲自尝试着使用、体验一下其效果的话，恐怕永远不会有自己的感受和评价。

图 1-15

图 1-16

色相协调型：使用同一色相或相近色相，并让色调产生变化的色彩搭配。以木、土为建材的日本传统城镇多是以 YR 系为中心的色相协调型（图 1-15、图 1-16 里的色彩搭配都只用了 10YR 系）。

色相协调配色方案，2019

色相与深浅（明度和色度的高低）的阶段性变化与我们一直以来习以为常的、在我们身边发生的种种变化极为相似。晴天时的傍晚，天空由蓝变橙的样子，被砍伐的木材逐渐风化褪色的样子，以及落叶树由绿变黄再变红的样子。

在我们的生活中，周围的色彩始终在逐渐变化，轮回往复。变化的幅度微小而连贯，长久不衰。

图 1-15、图 1-16 是色相协调型的概念示意图。

色相协调型的特点在于色相统一但明度和色度不同，因此可以在统一和连续中实现变化。

同一色相的深浅变化

很多时候，就算不是建筑师或设计师也会遇到选择颜色和决定颜色的问题。负责公共设施、设备的维护管理的行政人员就是最典型的例子。很多时候身份越是特殊，就越会有"不求有功，但求无过"的想法，消极地认为"大致和以前一样就可以"。

"使用颜色"这简单的一句话里其实包含着种种含义和解释。很多人会担心"使用多种色彩=杂乱"。但其实使用多种颜色并不一定意味着多彩（colorful），下面将介绍一种使用多种颜色也能体现统一感和连续性的方法。

那就是名为"色相协调"的色彩搭配方法。

如前文所述，环境色彩设计中有几个基本的模版。在二维图像或绘画中，无论是怎样的色彩搭配（例如对比强烈的互补色）都能使之看起来协调。但三维空间却与之不同，特殊的色彩搭配很容易因为目标物体的规模、用途或建筑材料的基调色而看起来不协调或者因为与之前看惯的不同而违和感剧增。

色相协调是色彩搭配模板中最容易给人留下和谐印象的色彩搭配。主要原因在于，它可以将某种色相的纯色（原色）与白、黑二色混合形成色彩变化，在协调的基础上营造出明度、色度的变化。

提示 *12*

颜色的好坏

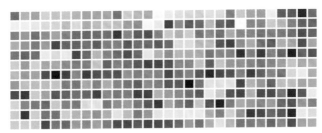

图 1-17

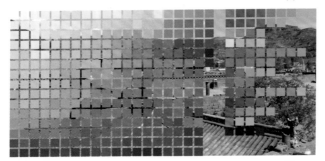

研究，2011

图 1-18

通过观察和测量城市与各种建筑的颜色，很多时候我们会发现似乎没有什么特点的城市其实也具有某种倾向或特征。

采集颜色的时候，我们一般会按照外部装饰基调色、屋顶色彩、门窗色彩等分类记录。图 1-17 里都是用于建筑外部装饰的颜色。图 1-18 里则是将采集到的颜色按色相和色调重新排列的结果，被认为与基调色不协调的鲜艳颜色被放在一边。

即使是乍一看没有什么倾向的色群，试着像这样按照一定的秩序重新排列、整理的话，就会发现其实每个颜色原本都是等价的，能看到其中存在某种统一和关联。

第一章　了解和思考颜色的50个小提示

颜色与色彩，就像声音和音乐

自从事与色彩有关的工作以来，我被问得最多的问题之一是"你喜欢什么颜色？"而不知从何时起，我好像没办法一下子说出答案了。总觉得以喜欢、讨厌来判断颜色实在可惜。

我认为一个颜色本身并没有美丑之分。只有看起来华丽，看起来显眼或是看起来眼花缭乱，仅此而已。

如果将"颜色和色彩"分开考虑的话，会比较容易理解这一点。

我们可以将颜色与色彩类比为声音和音乐。每个音符只是一个音阶，"do"这个音本身应该并不存在好或坏的问题。当音符按照某种秩序（乐谱）排列、旋律被连续演奏时才能成为音乐，颜色和色彩也是这种关系。

在选择适合目标的颜色时，除了考虑与结构和设计的契合度以外，其与周边环境和背景的关系也很重要。比如，去背街小巷的酒屋的话，穿着撒满闪闪发光的亮片的礼服就不太合适了。那么，到底什么样的装束和旋律适合那个地方呢？我们或许可以根据地区和场所选择对应的外部装饰的颜色。

（不过有的时候，小巷里华丽的礼服这一戏剧性的场景反而充满了吸引力。）

红色与城镇

　　我发现，光决定了颜色的外观。特别是在国外的时候，我们有很多机会体验与平常不同气候下光影中的色彩。

　　图1-19是2015年我第一次访问斯里兰卡时拍的。红、黄搭配也许是辨识度最高的色彩搭配，在这里这种色彩搭配随处可见。这些颜色在强烈的阳光下醒目而耀眼，但不可思议的是，我却丝毫感觉不到令人不快的艳丽。轻薄质地的纹理、周围的深色边缘、丰富多彩的广告以及文字信息沐浴在光影中，那一瞬间仿佛整个色彩都在飞舞（→提示33）。

斯里兰卡，2015　　　　　　　　　　　　　　　图 1-19

原美术馆，2010　　　　图 1-20

　　在日本，我们也能常常感受到阳光和色彩的绝妙平衡。例如，2010 年原美术馆举办的企划展的标志上，除了展览内容以外，或许还展示了那份鲜亮的夏日阳光吧（图 1-20）。

在第二节中，我尽可能详细地总结了色彩搭配的效果，以及如何思考与选择色彩搭配才能用色彩设计解决问题，使成果达到一定水平，满足各种各样的条件以及客户的需求。

色彩搭配之后的效果可以为色彩的外观带来全新的诠释。

第二节

色彩搭配的效果

茶色与城镇

图 1-21

八王子市，东京，2016　　　　　　　　　　　　　　　图 1-22

　　我被委托做色彩设计的时候，常有人提出要求"希望尽可能地亮"。然而，很多时候如果只是将整体均匀地刷白涂亮的话，并不会让人觉得亮。

　　明和暗是与周围环境对比产生的相对印象，所以高明度颜色并不总是看起来亮。在光线较少或较弱的时候，如果没有比较对象的话，即使是明亮的颜色也会让人觉得暗。由此我们可以发现，为了塑造无论在什么样的环境下都能显得"明亮的印象"，可以利用明度不同的颜色组合来凸显亮度。

　　图 1-21（翻修前）里的白色与图 1-22（翻修后）里的白色的亮度基本相同。

明和暗的相对关系

"明和暗"不仅可以用来描述环境、空间的状态，也可以用来描述人的性格，还有各种各样的事物给人的印象。"暗"这个字总给人一种负面的印象，用于描述环境的时候难以让人联想到安全、安心之类的印象和感受。从心理层面来说，如果想要提高观感的话，让物体更明亮会让人感到更安全、安心。另一方面，包括夜间照明等在内的亮光支撑着我们的生活，这一点是不争的事实，尤其是在城市里。

然而，在特定情况下，或者控制得当的环境中，我们会觉得黑暗让人感到舒适。博多站的天神地下街就是一个例子，那里的顶棚由当地素材铸就的框架所覆盖，同时大量使用了柔和的间接照明。如果在没有电力的室外生起火来，这里马上就会有人群聚集。正因为有黑暗，光明才得以凸显，图1-22里的"色彩搭配"恰好可以证明这两者的关系。

有时候我会觉得，或许我们在日常生活中赋予了明亮太多的价值和角色。明亮表示颜色的时候指的是高明度颜色。以白色为代表的明亮的颜色符合清洁、安心、现代等印象，可以说象征了日本高速发展的近代都市。

但无论是明还是暗，在人为构建环境的时候，仅局限于物理的数值和功能是很危险的，我们需要考虑在整体光线的变化过程中颜色给予人的感受。

图 1-23

仓敷市，冈山县，2017 / Chuo Ward，东京，2016　　图 1-24

在黑色木造建筑物鳞次栉比的古街上，我觉得这种暗是让人觉得舒适的重要因素（图 1-23）。

近年来，一部分城市高层建筑也开始全面采用低明度的颜色。这让我发现，同一个颜色可以看起来很不一样（图1-24）。

这并不是厚古薄今，我认为可以用颜色心理学对这种差异进行科学的解释。

有一种假说是，每种颜色都应该有其对应的大小或面积。不过这种假说的前提是有比较的对象，所以随着今后低明度的高层建筑逐渐增多，当它们可以构成城市的基调色的时候，或许让人感到舒适的标准也会发生变化吧。

大规模的高层建筑物的低明度颜色给人的印象

通常我对暗色都有不错的印象，但近几年，对于"对大规模的高层建筑物的低明度颜色的印象与评价如何"这个问题，却一直没能得出结论。

很多时候我会觉得，以明亮的天空为背景的话，这种颜色会因对比强烈而给人明显的压迫感（虽然这只是我的个人感受），尤其是在城市里。

我们可以参考当地独有的形成环境。一种方法是观察当地环境中明度最低的颜色占据多大的面积，以及其外观如何。另一种方法则是进行阶段性的验证。在评价低明度颜色以现有规模和面积在现有环境下看起来如何的时候，不要一开始就定下极限值然后只对这个值进行验证，而是要一点点调整暗度，在这个过程中慢慢找到界线。

根据我在许多地方进行过测色的经验，混凝土的明度约为 6~6.5（→提示 79）。这在孟塞尔颜色系统的明度的上、下限之间大概是一个中间值，同时在建筑外部装饰常见基调色的上、下限之间也大概是一个中间值。通常明度差约为 2 的时候人们就能够明显地感觉到差异，所以明度差（物体与周围环境的差）为 4 就已经足够暗了。以此为基准逐渐调暗，在实际环境中验证颜色看起来怎样，这一步在我看来非常重要。

虽然根据自身经验，我认为大规模建筑的基调色明度为 4 左右比较合适，但我希望大家能亲自测量各种暗度，根据实际状况调整。

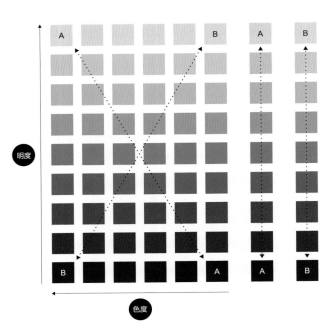

明度

色度

研究，2019

图 1-25

我试着做了一个明度的渐变色表（图 1-25）。

左边 6 列里，明度、色度都在变化。

右边的 A 列里，随着明度上升，色度也上升。

右边的 B 列里，随着明度上升，色度下降。

比起色度不变而明度变化的情况，我觉得明度越高而色度越低看起来更为自然（→提示 54）（→提示 55）。

明度唤醒色调

在色度数值相同的情况下，明度越高越容易让人感受到色调。由此我们可以认为（尤其是对于高明度颜色）"如果在明度相同的颜色间犹豫不决的话，那就选择色度更低的颜色"。这也是我们根据多年的经验总结出的一个方法。

人们通常会喜欢用高明度且有色调的颜色搭配明朗的形象，但也有很多时候色调给人的强烈印象加上色相，会显得与物体的形态（例如锐角）、大小或坚硬程度等很不协调。我经常会思考如何才能使外观显得更加自然，这个"自然"很难定义，或许可以理解成"没有违和感"。人们能够很自然地接受某种特有颜色的时候，通常都是因为其色调与周围建立起了某种关联，或者其变化的幅度与目标物体或环境相协调。

在最终的候选项中选择颜色的时候，决定因素是"能否经得起时间的考验"。如果是建筑或结构物，尤其要考虑人们是否能够长期对它不感到厌烦，是否无论什么年龄、性别的人都能接受。如果是公共物品的话，要特别考虑它是否需要精细的保养，在此基础上如果还是难以抉择，那就试着选择更保守的色调吧。

仓敷市，冈山县，2017

图 1-26

很多石头的色相都是 Y 系的。混凝土也带有隐约的色相，而且同样是 Y 系。

找到环境中最常见颜色的色相，是消除违和感的捷径。

建立关系，哪怕不是肉眼清晰可见的关系，也可以找到某种关联。即使环境中的物体规模、形状各异，但整体的基调色会散布在一定范围内。这些颜色不尽相同，却是一种松散的统一，疏朗的秩序。

这个范围被我们称为"地域基调色的打击区（Strike Zone）"。

与自然素材和现代素材契合度都不错的 Y 系

　　每种颜色的色相（色调）都会给人以各种各样不同的印象，而且基本都是积极与消极这两种印象兼具。例如，红色既是有活力的、热情的，又是花哨的、激烈的。无论什么色相都有两面性。

　　色相会影响目标物体与其他素材和色彩的契合度，所以有的色相比较适合用于建筑和构筑物的外部装饰。如"29 暖色系、色度约为 4 以下"中介绍的 YR 系的低色度色系就是建筑外部装饰中万能色的代表，与自然素材（树木、土墙、砖等）色相接近，很容易形成与环境协调的色彩，如图 1-26 所示。

　　另外，我越来越觉得，对于大量使用玻璃、金属的高层、大规模的建筑（特别是市区的）以及广泛使用混凝土的河流景观来说，不带红色调（R）的 Y 系低色度颜色比 YR 系更合适。玻璃（→提示 84）有透过性，所以很难把它当作某物体的颜色进行量化，不过因其素材的特性，以及因为常倒映着天空所以看起来是蓝色等诸多因素，玻璃给人的印象通常是绿、蓝这样的冷色系。此外，除非被涂上颜色，否则铝和不锈钢等金属的素材感（无机物，硬质）比色相更容易给人留下印象。

　　对于这种偏冷色系的纯色建材来说，同样偏冷色系的 Y 系比 YR 系合适，因为后者会让人联想起自然素材，给人以温暖的印象。

『被当作不曾存在』的颜色

丹布拉坎达拉马遗产酒店，斯里兰卡，2015　　　　　图 1-27

　　我从几位建筑师那里听到过一个很有趣的说法，建筑设计事务所里有一种"被当作不曾存在"的颜色，这是业内不成文的规则。这种颜色一般是明度3~4的无彩色（深灰），不会被作为基调色大面积使用，而是多用于那些存在感较弱的柱子、扶手、屋檐等设施。

　　这让我想起了这样的体验：在晴朗的白天，从昏暗的室内向外眺望，目光会被室外的明亮所吸引，从而渐渐忽视掉低明度的柱子（图 1-27）。

　　我觉得"不曾存在"这个过去式很有意思。在这个句式中，我们可以感受到想要消除目标存在感的强烈意愿。

低明度颜色的效果和作用

城市在现代化的同时也迎来了高明度化。在建筑、构造物的高层化和规模化的过程中，有一件事对此产生了重要影响，就是符合工业产品化、轻量化后的高明度颜色的新材料所具有的明快、现代的形象。

像在"14 让人觉得舒适的'暗'"中提到的一样，我们不能就此断言高明度化是不好的，而是有必要对每一个地区进行验证，讨论其基调色。同时通过积极讨论并展示"低、中明度颜色的效果和作用"，让更多人了解应该以什么标准选择适合目标或用途、规模的颜色，进而进行灵活的运用。

如"13 如何给人明亮的印象？"中所说，正是低明度颜色的存在凸显了其他要素，对此我曾多次亲身经历。而通过上文"不曾存在过的颜色"的例子，我发现除我以外的很多人也有过同样的经历。

试想一下明度最低的黑色，就像歌舞伎表演中的黑子，他们确实在那里，但因为披上了黑色的装束，所以被人当作"无"，十分地不可思议。黑色（低明度色）会让人联想到影子与阴影，黑暗与死亡，或许这也是用它们来表现"无"的原因之一吧。

我认为，思考低明度色具有的作用和效果、颜色的意义和背景以及它们之间的关系是很重要的。

图 1-28

月岛，中央区，东京，2017

图 1-29

　　如果某对象在远景的时候就能隐约看出色调（颜色）的话，那像中景和近景这样的距离，越是接近对颜色的印象就会越深刻，在近处看则会发现其颜色的运用独具特点，如图 1-28、图 1-29 所示。

　　这样的颜色运用有时会成为地区的地标或象征，而有时则会因为其色彩搭配在周围或现有的外部装饰中鲜见、与众不同而显得"突兀"或"扎眼"。如果周围的建筑能够沿用这个色调的话，或许这一带就会产生有特色的"群造型"，成为充满个性、色彩丰富的地区。而如果高层建筑物足够密集的话，这种色彩搭配或许可以使建筑群具有韵律。

群的统一以及个体的变化与个性

当隔着一定距离观察某处人造物体的时候，其轮廓和颜色等会成为人们认知它的线索。当人们一边用手比画，一边对其进行如"最高的大楼""那个砖色的大厦"这样的说明的时候，就是意图通过总结性的语言描述大楼的特征来与更多人分享它的存在。

另外，有一个词叫"群造型"。我从 2016 年开始担任东京的景观审议会规划部的委员，而这个词在会议上屡次出现。"群造型"是建筑师槙文彦提出来的，大约是指设计时应考虑到多个建筑聚集成群时的外观，或是思考时应考虑到多个建筑的天际线或立面轮廓作为群体时的外观。如果深入槙先生的思考的话，我们可以窥探到他对"应该如何营造现代城市的景观"这个问题的研究、验证以及实践。从建筑设计中群造型的角度来说，色彩同样扮演着重要的角色。不否定单个个体的特点，并在此基础上有意识地营造出有魅力的群造型，这样才能创造有地区特色的景观。但我觉得，或许只有在花费心思和时间持续建造的城市中，这样的概念和尝试才能够成立吧。

基调色负责统一颜色群。从各地的色彩调查结果中，我们可以明显看出，无论在哪个城市或小镇，建筑的基调色都有一定倾向。另一方面，在近距离时感受到的"与周边的差异"造就了个体的特点和变化。正因为通过基调色形成了"一定的统一"，我们才做到了让个体与周边达到良好的平衡。

葛饰区，东京，2016

图 1-30

"在建筑和工业设计中，无彩色是万能的"，这样的想法绝对不能说是错的，但也很难说是对的。

传统建筑物用的自然素材里几乎没有完全的无彩色，即使看起来是灰色的石头或白色的灰浆，其实也略有色相（色度）。

图 1-30 中的色彩搭配使用了浅灰色，这些浅灰色都是色度 0.5 左右的暖灰色。这个色域既给人以中性的印象，又能恰如其分地融入周围的城镇和自然的绿色中。

造就连接、统一的隐约色调

有色调的"有彩色"具有某种形象或特色，能释放出某种含义。地图就有效地利用了这种特性，而户外广告等则因颜色对比过于强烈而给人以混乱的负面印象。话虽如此，我们也不能简单地"一刀切"，说没有色彩的"无彩色"就是万能的。

在颜色的3个属性中，色相（色调）与色度（鲜艳度）的组合对于色彩搭配看起来是否协调影响尤甚。因此，如果想要进行统一的话，可以在保持色调一致的同时，让整体隐约呈现出这种色调的色彩，并通过控制明度来产生变化。

在实际工作中我多次发现，现代建筑领域似乎很难理解像"连接"和"统一"这样的概念。虽然不是所有，但的确有一部分建筑师认为，配合周围的事物就是"随随便便地模仿"，融入周围的事物就是"无主见地迎合"。我当然认同应该"更好、更新"，但无止境地追求作为创造的本质要素的"更好、更新"反而会阻碍创造。

不过另一方面，我也始终在反思、质疑，采用没有特点的（单色）无彩色真的是最好的选择吗？

瓷砖样品，2017

图 1-31

图 1-31 左右两边的瓷砖颜色相同，但接缝的颜色不同。

受接缝颜色的影响，瓷砖本身的颜色看起来也不一样了。这种效果叫作色彩的同时对比，是线与面（接缝和瓷砖）的颜色相互作用的结果。或许有人会说这是被照片欺骗了，但其实这是色彩的现象，无论换谁看结果都是相同的。

或许有些从事创造的人会希望不受所有现象的影响，但既然身处不断变化的环境中，或许我们可以考虑到上述现象的影响并进行"修正"，甚至利用"对比"来营造效果。

用部分控制整体的可能性

　　超市里卖的橘子被装进了鲜红色的网兜里，这是利用了色彩的心理效果（色度的同化现象）让果实的黄红色看起来更鲜亮。这不是欺骗，而是为了让其颜色看起来更像橘子而进行的修正（不过要是做得太过分就是欺骗了！大家要注意）。

　　瓷砖和接缝的关系也是相对的，并不存在怎么看才正确。有时候讲接缝同化，让它看起来和瓷砖一样，有时候则故意让接缝与瓷砖的颜色形成对比，让后者给人不同的印象，能营造出比单个瓷砖更丰富的、意想不到的效果。加强色度对比的话，有时候会强调瓷砖本身的颜色，有时候则会让接缝颜色带来整体的变化，我们可以根据这些来考虑设计的多种可能性。

　　那么，为了给人留下正确的印象而进行的"修正"与"呈现"的分界线在哪里呢？或许我们可以像这样区分，即迎合许多人对特定事物的固有印象是"修正"，而改变固有印象、让它表现得与原先不同则是"呈现"。

　　通常情况下，我们需要用两三个颜色来实际填充接缝进行比较，才能做出最终的判断。虽然能根据经验进行大致的预测，但我享受每一次这样的工作，常常会看着做好的样品感叹"色彩的相互作用真是深奥"。

图 1-32

足立区，东京 2016

图 1-33

图 1-32、图 1-33 是一个团地⊖ 的色彩设计案例，其中阳台扶手的形状很有特色。

在方案中，我尝试通过改变突出部分的颜色，使倾斜部分的阴影更明确，强化立体感。

板状住宅楼连续的立面会给人以轻微的压迫感，而看向低层，就会发现榉树郁郁葱葱，环绕着团地的中庭。

为了让低层能衬托出榉树四季变化的颜色，我给下层的阳台配置了逐渐变亮的渐变色。

5 栋住宅楼的标志颜色分别是红、橙、绿、蓝、紫。这样的外部装饰色调增强了每栋楼的着辩识度。

⊖ 指日本在第二次世界大战之后经济高速发展时期开始新建的住宅小区。——译者注

用色彩搭配强化形态特征

　　了解颜色具有的几个特性并亲身体验过其实际效果后，就可以将它们应用于各种场合了。通过突出形态中想要强调的部分或者使用不同颜色，可以加强形态的节奏感。

　　将颜色的特性和形态特征结合起来，或许可以产生单色没有的效果和印象。并不是说单色不好或者单调，而是有时候通过色彩搭配的尝试，我们可以更好地利用其形态特征，哪怕是实验性的色彩搭配。

　　我一直在不断尝试用色彩来突出光影、比例以及距离感等要素，由此塑造出富有表现力的外观。

　　当然，有时候尝试的结果并不符合预期。实际上很多时候尝试的结论都是"真不应该用色彩强调这一部分"。

　　有的时候我甚至会质疑"真的能用颜色来调整形态吗？"的确，有时空间和形态的完成度越高，色彩就会越多余。

　　不过，也只有通过这样的验证和考察，我们才能发现使用色彩的效果和意义。

图 1-34

寝屋川市，大阪府，2016

图 1-35

在我们对图 1-34 中的集合住宅的外墙进行修缮之前，因为其进行过抗震改造，所以外墙加上了不连贯的加固支撑。

我们尝试让加固支撑能够融入整体，具体方法是，让墙面的柱与梁的明度配合加固支撑的色调，以及通过对略凹进去的墙面施以不同明度的做法，来强调前方的框架（图1-35）。

这种色彩搭配是这个构造和形态独有的。

控制纵深感

如前文所述，我们可以通过组合形态和色彩搭配来创造单色无法达到的效果和有趣的现象。

当然，也有的时候并不适合用颜色来强调形状。

这种情况下，可以利用色彩搭配的效果让人忽略形状。如果建筑师和设计者也能注意到颜色的这种"调节功能"就好了。

前文"17 '被当作不曾存在'的颜色"就是用色彩调节空间功能的一个很好的例子。不过与这个消极的例子不同，人们有时也会希望能通过颜色来积极地塑造形状的新的魅力。

就我个人的经验来说，色彩的"调节功能"中效果最明显的就是对纵深感的控制。

在对比两种以上颜色的时候，明度更高的颜色看起来更像在前方。相应地，明度更低的颜色看起来更像在后方（→提示 58）。在探讨规模较大的集合住宅或构筑物等的外部装饰颜色的时候，通过色彩搭配来明确立体感和纵深感，既可以增加物体的稳定感，也可以让线条给人留下更深的印象。

基调色　基调色　渐变色

明度 4.0

图 1-36

基调色　基调色　渐变色

明度 4.0

色样检验，2015

图 1-37

这是我在现场确认"21 颜色和形状①"中的团地的阳台扶手涂色样本时的照片。

虽然共有 5 个色相，每栋住宅楼使用的色相都各不相同，但作为基调的两个颜色是共通的。为了防止过于暗，我们将明度的下限设为 4.0，并确定了 5 个阶段的渐变。

用色样检验的时候，明亮的颜色也会显得暗。不过像这样把边长 900mm 的正方形板摆在室外，再加上连续的阶段性变化，即使是右侧的低明度颜色也不会因为暗而显得很突出。

另外，图 1-36 里的 YR 系的色度是 2.0，图 1-37 里的 G 系的色度则是 1.0。因为绿色、蓝色等冷色系的色调与暖色系相比原色的最高色度较低，所以色度相同的时候冷色系的色相会看起来更明显（→提示 55），这里考虑到了颜色的这一特性。

涂饰平滑的表面看起来明亮、鲜艳

人们通过物体反射的光感知颜色，而平滑表面的反射率更高，所以颜色相同的时候，平滑表面比凹凸不平的表面看起来更明亮、鲜艳。关于这一点无须多言，"颜色就是有这样的性质"。

在确认建材的颜色样本的时候，上述性质加上面积效果（→提示59），这种倾向就更明显了。

除此之外，颜色和周围环境形成的对比也会改变颜色所呈现出的样子。例如，日涂工的颜色样品册有白色的底，因为与白色的对比，有些人就会觉得明度7左右的颜色看起来较暗，所以总是会倾向于选择明亮、鲜艳的颜色。我之所以努力测量已有的外部装饰颜色并将其数值化，就是为了避免像这样用"单体的印象"来进行判断。

不过，颜色样本说到底只是为了讨论和选择而设立的大致基准，仅仅在没有明确条件或没有同等比较对象的时候提供的一个参考。

判断某个数值是否恰当与判断物体尺寸是否恰当的方法一样。例如，对于大小分别为30张榻榻米与8张榻榻米的两间客厅来说，合适的餐桌尺寸是不一样的。同样我认为每个环境都有其"合适的色域"。

我们需要理解颜色外观的特性，并在此基础上缩小合适的色域范围。只有像这样分析、掌握这些特性，才能够分别进行判断。

图 1-38

小布施町，长野县，2016

图 1-39

　　捡起落叶并将它们重新排列，欣赏颜色连续变化的样子，是我在长大后都没有厌倦的野外游戏之一。

　　我们可以通过一片叶子上的颜色变化或红黄之间的分界线等，来找到颜色之间的区别与联系。

　　在这样的室外验证中，红色可能会因为与背景（图1-38里是彩色沥青）的对比而显得更鲜明或更暗淡（图1-39）。就像这样，"在哪里，如何看"都会影响颜色给人的印象。

　　如果在阶段性的比较中犹豫选择什么颜色的话，我建议可以试着改变验证的地点和背景。

从阶段性变化中选择颜色

在色彩设计中，讨论、确定方案，并让客户及相关人员同意我们的方案的确是我们的目标之一，但到这一步为止只是"方案"的确立。从确立方案后到最终决定用什么颜色为止，我们还需要经历几个过程。在准备涂色样品（涂饰样本）的时候，我们选择的是"指定色及其前后的颜色"（→提示 97）。近年来，我们指定使用的都是日涂工的颜色编号，但涂料的光泽感和物体表面的凹凸等会影响其呈现出来的效果，因此即便是同一个颜色，也有可能有时候看起来略明亮、有时候看起来略暗淡。特别是与其他建材配合使用的时候，要注意确认与它们之间形成的对比、搭配是否协调等。

在进行这样的判断的时候，如果只看一个颜色样品，而没有与其他候选颜色进行比较的话，就无法判断"是否合适"。因此我会从多个候选颜色中选择与所有建材搭配更好、更协调的"组合"。

一边比较一边反复验证，就能慢慢掌握什么样的颜色对比会影响决定。在习惯这种工作之前，我建议将每次的明度差设为 0.5 左右，并在当地或室外进行验证。很多设计师会将使用的建材或涂料的可实现颜色的上限和下限作为候补颜色，特别是在明度上。但是，如果不弄清楚它与其他建材的组合或者在周围环境中"看起来如何"的话，就有可能会显得脱离周围环境，也有可能因为规模、形态等不协调而给人以压迫感或者看起来太大。

八王子市，东京，2016

图 1-40

　　怎样的变化才能做到既有恰到好处的不同又能保持整体的统一呢？我认为最好的方法不是盲目增加颜色的数量和变化，而是尝试利用适当数量的颜色营造突出的效果（比如新鲜感或者是单色不具有的耐久性、时效性等）。

　　我的结论是即使有很多栋楼，色彩搭配大概4种方式也就够了。4种方式既能应对不同的分区和形状，又能很好地体现出颜色的差异（图1-40）。

兼顾适度变化和统一感的色彩搭配系统

我曾长期从事团地的外墙修缮工作。在日本的战后经济奇迹时期，为了解决住宅不足的问题，日本曾在短时间内建成大量的公营团地，其中很多的团地都由多栋楼组成。之前，这些团地的外部装饰大多都是非常沉稳的单色。这 30 年以来，对色彩的设计与实践的思考才逐渐成形。

如果是大规模团地的话，整体改建与扩建会分成几次进行，时逾数年，因此如果只改变其中一部分建筑的外观的话，会影响到团地整体的统一，甚至会让居民觉得不公平。不过与此相对，我们也可以事先确定必须要进行改修的部分，有计划地思考团地整体的色彩，这样可以阶段性地调整团地所呈现出来的景观。

关于像团地这样的群体建筑的色彩搭配，我们曾考虑并发展出了各种各样的模式与法则，并将之付诸实践。使用多种颜色会使变化更加丰富，但这样整体的效果就会参差不齐。而且，如果需要涂抹多种颜色或者复杂图案的话，不仅施工耗时，还有可能会涂错。所以我们不要盲目贪图颜色的多样，而要考虑用多少才是恰当的，要进行色彩搭配的整体构想。

考虑群体的色彩搭配的条件之一，是不能让相邻建筑的颜色相同。如上文所述，群体色彩搭配最多需要 4 种方式。这是我根据自身经验总结出的一个色彩搭配系统，既可以保持不同颜色间的恰当对比与距离，也可以兼顾群体色彩搭配的统一感和适度变化。

色彩和材料样品，2010

图 1-41

　　提出方案的时候，我们通常会制作一个"材料板"（图 1-41），汇总内部装饰和外部装饰使用的建材样品。尽快制作出这样的工具，能让我们更容易地分享计划的整体方向和意向，特别是当该项目有很多相关人员的时候。

　　不过，样品的颜色和背景色也会相互影响，所以背景板的颜色是有讲究的，通常要"尽可能地再现实际情况"，所以我们常常要花费很长时间才能找到合适的颜色。

　　作为底色的产品的名字是新月灰调板（Crescent grey tone board B-03）。虽然比其他的纸制板略贵一些，但它的灰度不明不暗，能正确地表现出样品的颜色，非常适合作为参照。

所有事物的外观都存在于相对的关系中

即使人们注意观察单个的材料或颜色，也没法看穿它最终呈现的样子。因此，在做判断的时候需要调整对目标物体有影响的周边状况。

这一举动在汇报中尤为有效。近年来，随着CG和印刷技术的发展，以及影像（动画）等技术的运用，我们可以更真实地表现颜色。另一方面，在打印时，打印出的颜色会因纸张和打印机的消耗程度的不同而不同，因此，我们必须每次都进行细微的调整。

我知道，既然专门研究色彩，就必须正确地再现色彩，而且我也在每天为提高颜色的精度而努力。但是另一方面，我相信人们的直觉能够在无意识中应对颜色"容易根据周围环境而变化"这一特性（在知道颜色不是实物的基础上）。而且在很多次的经历中我都发现，减少对色彩有影响的因素之后，人们会更容易理解颜色的特性。

微妙的差异是个很麻烦的东西，我们必须对此进行彻底的、谨慎的讨论和选择。为此我们只能自己积累各种经验。另外，我发现其他人并没有像我想的那样会注意到这些差异，就算注意到了，通常只会表现为觉得颜色不协调。因此提出方案的时候，我们给人展示的形象会尽量贴近事实，让人们觉得样品板上的材料样品和实际竣工时的外观没有差异。

颜色和材质盒，2010

图 1-42

将选中的材料样品汇总起来能减少很多麻烦。在建筑设计中，工程进行到一半的时候，建材的规格突然发生改变、突然要考虑与其他部件的颜色进行搭配，或者之前决定的厂商的产品突然停产的情况也并不少见。

在我们讨论整体中的某一部分的时候，如果能随时确认整体的构成与关系，工作就能非常顺利地进行下去。所以现场洽谈的时候我总是带着汇总的样品，如图1-42所示。竣工后也一样，如果能将样品们原样保管起来的话，就可以作为工程的记录。

我是20年前想到并开始实践上述办法的，每每想起此事，都会不自觉地想夸一夸自己。

比较之后做判断，分享做决定的依据

即使我们打算尽量详细地制定计划书、绘制图纸，也经常会出现像"钢门的颜色还没选好"或"材料的规格发生了变化"这样的情况。这种时候我们可以将周边情况作为选择、决定的依据，同时，将目标物体与相邻材料或背景材料作对比，并研究此时目标物体的外观也尤为重要。

在建筑或土木工程的工地事务所中，为了方便管理，我们通常要在选中的物品（颜色）上写上批准的日期并签名。如果设计师常驻工地的话，做到这一点就够了。但色彩设计师通常很少常驻工地，所以最好在自己手头准备一份样品，这样双方（设计师和施工方）就可以顺利地通过电话或电子邮件进行沟通答疑。工地如果距离较远的话就更需要准备了。

通过类似这样在比较之后做出的判断，我们可以与相关人员分享做决定的依据。在长期的工作中，我很多次被问到"为什么是这个颜色呢？"我发现，如果把样品罗列出来的话，即使不是专家，人们也能通过直觉大概知道哪个颜色更好。因为选择颜色绝对不是个人喜好的问题，而是"有没有违和感"的问题。

"比较 A 和 B 的话，B 与周围材料的颜色正合适，但因为光滑，所以看起来比较显眼。而 A 的明度、色度比周围材料略低，所以看起来更像背景"。像这样，能够将"有没有违和感"的比较过程用语言表述出来、解说颜色的外观是专家的职责之一。

茶色与城镇

像土和树干这样以 YR 系为主的低明度、低色度颜色可以说是自然界的基调色的代表。

将人工制品换成茶色的话，会使自然中绿意盎然的环境给人留下更深刻的印象，这是我曾多次体验过的。不过近年来我发现，这样做除了外观的变化以外还有其他效果。

以鲜艳的蓝色为主流色调的防雨布或防鸟防风网等并不是在功能上非蓝色不可。有报告说，把某个葡萄园里过于鲜艳的蓝色换成茶色之后，网旁边的叶子的生长状况更好，而且鸟类也不再把网弄破，另外因为能很清楚地看到网中的样子，所以也起到了防盗的作用，如图 1-43 所示。

甲州市，山梨县，2019　　　　　　　　　　　　图 1-43

对此，我们可以列出低明度颜色可以吸收光或者明亮鲜艳的颜色识别度高，所以茶色网的存在感比较低等诸多理由。不过，正是因为尝试着去改变和比较，我们才会发现"原来这个颜色有这样的效果"。

因为年龄、经验、职业和喜好的不同，人们对颜色的评价也会不同，这是一件很自然的事。

不过，我还是一直在试图寻找大家共通的部分，让人们觉得"这个我懂""这个不错（无论个人喜好如何）"的部分。然后我发现，自然环境中的色彩或许可以成为范本。它们长期在我们身边，由多种因素混合而成，且这些因素能够相互衬托。

第三节

自然界的色彩结构

黑色与城镇

研究，2011

图 1-44

　　自然界的基调色（底色或背景色）的定义是"拥有大片固定面积，基本不受季节或时间的影响"的土、沙、石等的颜色，如图 1-44 所示。

　　如果建筑外部装饰这类人工制品采用这种自然界基调色的话，或许可以大幅度减少重大失败的可能性。因为建筑同样是"当地长期固定的存在"（临时建筑除外）。

成为背景，成为支撑变化的基调色

我一直着眼于环境色彩设计中的图案与背景的关系，尝试弄清楚环境中什么东西有颜色、什么东西能凸显颜色。当我和做建筑的人聊天时说到"建筑是环境中的背景"的时候，对方有时会略显惊讶，甚至会觉得被冒犯。但我认为，如果不只考虑一个目标，而是将环境作为一个整体或者群体考虑的话，建筑的确是背景性质的要素。不过，有些背景也具有图案性质，而有时候从整体来看背景要素必须要发挥图案的作用，我认为这可以被分为几个阶段。首先，我要试着思考一下将自然界的背景色作为人造物的基调色的可能性和通用性。

建筑和构筑物中的基调色是构成整体的主要部分，或者说是大部分，而且也是在当地长期固定的存在。为了能做到长期存在而不会让人产生厌倦，以及减少与周围环境的不协调感，一种很直接的方法就是让它们采用自然界的基调色。

这绝不是简单地"使用朴素的颜色就可以"（让人意外的是，土地的颜色有时很华丽），而是创造了种种可能，比如"使用背景色可以灵活运用周围的种种变化、造就令人印象深刻的景观"，或者"即使周围发生变化，背景色造就的经典外观也可以让目标物体看起来不输于这些变化"等。

野泽温泉村，长野县，2011

图 1-45

自然界的基调色大多以暖色系的低色度（约4以下）颜色为主。

土、沙、木等的颜色中 YR~Y 系最多。过去无论在哪个国家或地区，人们都会使用这些自然素材来建造建筑物，所以自然而然地形成了稳重沉着的统一色调（大约是"大地色"的范畴），如图 1-45 所示。

所以我并不是突发奇想地建议大家在建筑外部装饰上采用暖色系。希望大家能够首先思考一下"自然界是由怎样的色彩构成的"。

暖色系、色度约为 4 以下

自然界的基调色（土、砂、石、树干等）以暖色系为主，色度（鲜艳程度）约为 4 以下。这一特点在日本很多街道的建筑外部装饰的基调色中也能看到，证明过去很多建筑、构筑物都是由自然素材制作而成的。而现代建材也大致继承了这一特点。

自然界的基调色是人类长期以来所熟悉的颜色。可是近年来，在与很多建筑师或从事建筑教育的大学老师交谈的时候，我却发现，虽然我自己自然而然地理解、接受了"自然界的颜色构造"这个概念，但很多接受过或正在接受现代建筑教育的人却对此不甚了解。

这样的话，上文中的"基调色要（首先）采用暖色系的低色度颜色"大概也就没什么说服力了（因为大家不能理解为什么）。不过，我还是觉得"自然界的基调色"有可能成为跨越专业领域的通用指标。

正是因为有了作为基调的颜色、色域和色群，图案的要素才能得到衬托，这就是自然界的色彩构造。意识到这一点，人们就能够做到在相对关系中思考素材和色彩，而这也是一条捷径，让人们学会在不同场合根据需要使用不同素材和颜色。

首先，让我们以身边的自然环境为例，试着去感受一下"暖色系、色度约为 4 以下"到底有着怎样的色域。

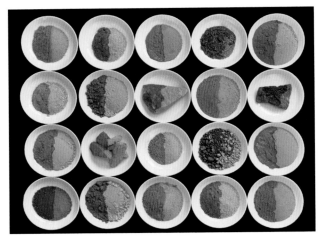

图 1-46

研究，2016　　　　　　图 1-47

图 1-48

　　自然界的基调色基本不会受到季节和时间的影响，不过天气可以说是它的影响因素之一。

　　因为下雨而淋湿以后，地面颜色的明度会下降，色度则会略微上升，如图 1-46 所示。

　　这一现象很好地体现了多孔介质的渗透性，而这一特性造就的变化比图案要素的变化更具戏剧性。

　　自然界的底色本身不是变化要素，但它的特性之一是必然会受到周围环境的影响。

自然界基调色的明度变化

因为自然素材是多孔介质，所以会吸收水分等各种外部物质。这是导致经年变化的主要原因，同时，在日常生活中由天气变化所引起的微小变化也会使我们已经习惯了的自然素材产生明度变化。

为了提高现代建筑所用建材的种种性能（特别是防水性），使之不容易受到外界的影响，人们做了种种努力。这对于提高环境性能来说当然是有利的，但从色调变化的角度考虑的话，却略有不足。

前文提到过希望大家能亲身体验一下"暖色系、色度约为 4 以下"这个"色域"，同样我们也可以参考自然界来决定明度的上限和下限。干、湿这两种状态决定了自然界基调色的明度范围。我们可以认为，这两种状态的颜色组合形成了色相协调，是一种有（自然的）浓淡变化的色彩搭配。当然，我们不能就这样把外部装饰定为这两种颜色，但可以将这些身边的现象作为讨论和选择的线索。

湿润的土或石头的明度下限是 2.5 ~3.0 左右，如图 1-47、图 1-48 所示。考虑到这是我们所熟悉的自然界色彩的明度下限，我认为应该有充分的理由，才能让明度更低的色彩大面积出现。

有些时候，即使超越了界限也能营造"很好的环境"，但我想我们需要一些时间来判断这种状态能维持多久。在自然界的色彩构造中，颜色在各种天气中的反复变化，关于这些我们还有许多东西需要学习。

研究，2016

图 1-49

　　虽然自然界的基调色大面积存在，但提高分辨率的话，就会发现它实际上是由微小的粒子聚集而成的。

　　河滩上的石头整体看起来是灰色的，但仔细观察一个一个的石头，就会发现它们分别是隐约带有黄、绿、青等色调的灰（图 1-49）。

　　隔着一定距离观察，石块间的界限就会模糊起来，逐渐变为一体。而隐约的色调会在进入我们的视野前消散于空中。

　　基调色本身具有各种微小而多样的色调，涵盖了一定色彩范围。这是自然界色彩结构的特征。很多时候我想，或许这就是海纳百川吧。

不单一、不单调的厉害之处

很多时候我都会觉得，或许"多样而非单一"才是自然素材的最大特征。老师的教诲中有这样一句话，"自然是色彩大师"。而我也经常在课堂和演讲中听说，长久存续的自然造物中天然存在着某种秩序，无论怎样组合，这些自然造物形成的色彩搭配都富有魅力。

自然界的基调色、色度约 4 以下的暖色系、浓淡随天气而变化。我们可以将这些色域简单地总结为"大地色"，但它们实则充满了无法简单概括的多样的差异与变化。

可能在这里说"要弄清楚适合目标物体的那一种颜色"的话会显得比较突兀。但我还是要说，在此过程中，我们最好首先接触自然界的基调色。

再重复一遍，灵活运用自然界的基调色绝对不是"选择稳妥而不易出错的颜色"。无论是谁设计的住宅、办公室或桥梁等既是个人或者是当地的财产，同时也是构成环境的要素之一。无论是规模、形态还是设计，"多样"这一点是现代社会的价值之一，也是城市的魅力所在。我认为，通过采用多样的自然界基调色以满足颜色的"多样性"，我们完全可以在与现有的环境保持平衡的同时，提高物体各自的魅力，并且时而进行更新。

我一直在思考，我们能否充分利用自然界的色彩结构所具有的"不单一"这一特点。换句话说，色彩搭配的答案可以不止一个。

本鄉，文京区，东京，2018

图 1-50

　　"自然界图案的鲜明色彩"的定义是，花草、昆虫、小动物等生命体的颜色组成了自然界的鲜明色彩。

　　同样，如图 1-50 所示，血色皮肤隐现的婴儿、朝气蓬勃的年轻女性，这些鲜活的生命也可以被看作环境中的图案要素，为这个世界增添生动鲜明的色彩。

　　但是，这样的鲜明是短暂的。绽放的花朵与枝头的红叶只会存在于某个季节，而引人注意的昆虫同样只能在其有限的生命中给人留下鲜明的印象。

　　人也是生物，随着年龄的增长，头发会变白、肤色也会变得黯淡。

自然界的变化与色彩

法国的色彩大师让·菲力普·郎科罗先生现在已不再从事实际业务，而是每天在自己的岛上欣赏海景享受人生。他把早晨、中午、傍晚的景色绘制成了数百张画卷，至今不知厌倦。他将纸盘（调色板）用来混合颜料，每画完一张画都会将残留着颜色的纸盘保存起来。这些行为让我感受到了他对色彩以及其表现拥有着发自内心的探究欲和永不厌倦的兴趣。

无时无刻不在变化的美丽景色能够强烈地吸引所有人，无论国籍、文化与年龄。它不固定，不断变化，随着季节的改变呈现出各种各样的色彩，这个变化又随着时间轮回往复，这些都是让我们"不厌倦"的缘由。正因为我们的日常生活中就有这样的自然变化，在思考建筑和构筑物等固定物体的外观的时候，我们或许可以对自然的存在更加灵活地运用。

20世纪90年代的一些事例十分引人注目，例如以"宜居"（アメニティ/amenity）为名义，在公共设施或设备上描绘当地的花、鸟以及有特点的活动（节日庆典或烟花大会等），企图更直接地表现地区的特色和繁荣。这些在现在看来也算规模庞大的活动中，很多墙壁和构筑物上被画上了地区的象征，有些甚至成为地区的遗产被妥善地保存了下来，但它们到底还是比不上我在那片土地上看到真正的花和鸟时的感动。既然如此，我想我们应该努力创造一种环境，让真正的花鸟能够更生动地展现（让人们体会）其魅力。

成为自然界的图案的颜色②

小布施町，长野县，2016

图 1-51

成为自然界图案的那些鲜艳的颜色好像都在地表附近。

从我们所伫立的地方望去，染遍群山的落叶树或许在很高的位置，但从树木生长的大地看来，还是接近地表的。树叶总有一天会落下，落叶归根，而不可能一直保持鲜艳的颜色挂在树梢（图 1-51）。

很多时候，将视角拉远一点再重新看风景，都能发现它不一样的构造。除了重心在下方这一点以外，还会发现水平方向的连续扩张与纵深都是非常具有结构性的。

鲜艳的色彩应处的位置

这段时间，我总是很在意颜色应处的位置。自从听一位建筑家说"材料应处的位置是由结构决定的"以来，我就一直在思考，颜色应处的位置该由什么来决定呢？

因此，走在大街上或做调查时，我便开始注意鲜艳的颜色们都在什么位置。自然界中颜色的构造还是很明显的，作为背景和图案的颜色都有其固定的位置。

在自然界中，拥有鲜艳颜色的通常都是有生命的东西，在地表附近，且面积很小。

与其说这是我所做的定义，不如说是从自然界的色彩构造中推导出的"法则"。

每当设计色彩，特别是在使用鲜艳颜色的时候，我会首先考虑"颜色应处的位置在哪里，这个位置是否合适"。如果看起来突兀的话，那么颜色一定也会让人觉得不舒服。颜色与尺寸一样，也需要控制得恰到好处。

我们可以利用前文中的"法则"，"在脚部周围移动的部分（运动中人能看到的部分）小面积使用"鲜艳的颜色。

龙安寺，右京区，京都市，2012　　　　　　　　　　图 1-52

　　根据色彩心理学的统计，蓝色是世界上喜好偏差最少（喜欢的人多）的颜色。可能是因为蓝色让人联想起连接着世界的天空，还有生活中必不可缺的水吧。

　　或许有人会认为，天空和水占据了很大的面积，所以可以将它们的颜色当作基调色（图 1-52）。可是，天空和水的颜色不是某个物体的颜色，而是没有体积的表面颜色（film color），其表现方式与物体的颜色不尽相同。

　　因此我认为，可以把天空、大海、河流的颜色当作移动的颜色，不过，它们并不是图案。

　　但不管怎么说，它们都会对固定的东西（底色）产生影响，所以基调色的存在非常重要。

没有距离和形状的颜色

表面颜色（film color）又称平面色，是德国心理学家戴维·卡茨在《颜色的现象性分类》中描述的一种颜色的分类。例如，人们会觉得天空似乎是在平面上展开的，没有清晰的距离，然而它同时也被定义为"表面看起来柔软，有厚度，有时会因周围的情况而显得弯曲" ⊖。

虽然看起来是平面，却能让人感到柔软和厚实，所以天空的质感和纹理其实很模糊。可能它最大的特点就是"不是某种物体的颜色"。

无论是在设计还是艺术领域，把这种不是某种物体的颜色置换成具体的颜色都是一件非常困难的事情。

我们身边的"蓝色"有人行天桥、水管、塑料桶和保温袋等。可以想象之所以在这些物品上采用蓝色，是因为它与天空的颜色协调，且给人以清爽的印象。因为天空和大海的颜色不是物体的颜色，所以为了将其置换成具体的颜色，我们需要截取它们的某个"瞬间"。但是，即使同样是晴天，夏天与冬天的天空也会给人以截然不同的印象，而且如果人工制品的颜色比天空和大海、河流看起来"更鲜明，更有象征性"的话，人们就很难再注意到自然界中温和细腻的变化了。

在普及了各式各样产品的现代，无论当初设计者的意图如何，很多时候我都会觉得"这里不用这么鲜艳的颜色也可以吧"。在模仿自然界的色彩结构的时候，我认为"没有距离和形状的颜色"不适合作为基调色。

⊖ 引用自《大英百科全书》。

提示
35

树木颜色的变化

木材会馆，江东区，东京，2012

图 1-53

木材会馆在新木场站前，于 2009 年 6 月竣工，是东京木材批发协会的事务所兼租赁办公大楼。在竣工 3 年后的 2012 年，建筑外墙的木材颜色看起来比刚竣工时要沉稳得多（图 1-53）。

一般来说，随着木材的经年变化，其色泽会变黄，亮度增加，色度降低。通过在木材会馆进行的测色，我们也确认了这一倾向（→提示 82）。

被切割好的木材自此被刻上时间这个新的烙印，并不断改变自身的样貌。虽然在自然界中，树干的颜色不会变化，但我觉得木材是有生命的。

第一章　了解和思考颜色的 50 个小小提示

让自然素材的颜色 "胜出"

我对自然界中不同材料变化的"幅度"和"倾向"很感兴趣，我会从各地收集土壤，把它们晒干或浸润（→提示30）。

自然界的变化所具有的幅度和倾向，以及这些变化会随着时间的流逝而轮回往复这一点，可以说是自然界色彩结构的特征之一。

被切割好的木材与普通树木的表皮颜色有很大的区别。相对于长年累月经受风雨洗礼的后者来说，前者会因为接触外部空气而逐渐干燥，渐渐变得不再是本来的颜色。

即使是同一种自然素材，其质地和颜色也会因为与外界空气的接触方式不同而有很大的改变。因此，如何处理这种材料的确比较棘手。但其色相的变化一般都很小，主要是色调上的变化（综合了明度和色度的"色调"）（→提示56）。这一特征可以对我们在选择自然素材或者选择与木材搭配的涂装颜色时起到很大的帮助。

比如在选择与木材搭配的涂装色时，我们会选"不怎么偏红、色度较低的颜色"。这样的话，即使木材的颜色发生了变化，涂装的颜色也不会比木材本身更显眼。

在建筑设计中，在处理外墙脚和内墙脚的细节时有一种"节点决出胜负"的说法。从色彩结构的角度来看，在自然素材与涂料颜色的对决中，我认为让有变化幅度的自然素材"胜出"更为合理。

本栖湖，山梨县，2012

图 1-54

　　在近处看时，物体会显得更鲜艳。而从远处看时，物体的色度会降低，明度会增加。

　　我们可以试想一下色度随着距离的变化而发生的变化。

　　在自然界中，一些花和昆虫拥有鲜艳的色彩。但它们的面积都很小，而且贴近地面，所以在中景、远景中很难被注意到。鲜艳的红叶的整体面积比花和昆虫要大，但它们是由小面积的叶子聚集而成，所以从远处看的时候，色度会因为缝隙中的阴影而降低（图 1-54）。

　　如果首要条件是"吸引眼球"，往往会造成所用颜色一个比一个鲜艳华丽。为了在满足这一条件的同时保持色彩的平衡，一个行之有效的方法是在搭配色彩时考虑其外观会随着距离而变化的这一特性。

思考随着距离而变化的色彩运用

自然界的色彩结构旨在将人的视线引导至目标物体（图案性质的元素），这一点可以参考前文的"鲜艳的色彩应处的位置"（→提示33）。而我希望能够将这样的自然界的色彩搭配原理应用于人造物体的色彩运用。

从远处看风景的时候，视野会更广阔，所以我们可以展望远处的每一个角落。在眺望全景的时候，与其说我们是专注于某一个点，不如说是将群山、天空的颜色、云朵的形状等作为一个整体来欣赏。这个时候，颜色的外观会随着距离而变化，"远看更显朦胧""近看更添鲜艳"。当我们逐渐接近目标物体（比如山或树）的时候，个体的表现力就会变得更加丰富，质感和色彩的差异也会更加明显，可以给人留下深刻的印象。在城市中，由于过分强调新建筑物的地标性，我们会发现一些建筑利用外观、形态和色调等来彰显差异的倾向。近年来，在《景观法》的影响之下，外部装饰颜色过于艳丽的情况已经有所减少，但依然有不少人希望外墙和高层可以采用醒目的颜色，让建筑在远处也能显得引人注目，而为此前来咨询的人也是络绎不绝。

不是说禁止使用鲜艳的颜色，而是我觉得，模仿自然界中呈现颜色的方法，让色调随着观察点的变化而逐渐变化（越近越浓）应该会更好。

像眺望自然风景一样眺望城市的时候，突出的、鲜艳的颜色会给整体带来怎样的"好的影响"呢？我至今没有找到答案。

无锡市，江苏省，中国，2012

图 1-55

2012 年的时候，我们对江苏省无锡市的城市色彩设计（建立色彩标准和设计指南）进行了实地调查。我们被带到了图 1-55 中的地方，当时这里正在利用老城区的风貌进行地区改造。

运河的右侧据说是 100 年前建造的建筑，左侧则是对这些建筑忠实的再现。随着岁月的流逝，两侧建筑的颜色是会逐渐变得一致，还是会继续保持着稳定的差异呢？

时间的推移造就的这种肉眼可见的差异可以成为我们了解城市前世今生的线索。

接受时间的流逝，允许它影响周围，把不断变化当作理所当然的事。或许这就是自然界的原则之一吧。

以变化为大前提

之所以说颜色是个难题，有很多原因。除了上文提到的时间流逝造就的经年变化以外，有的颜色会根据天气和光源的变化而呈现不同的样子。关于这一点，我认为只要意识到"外观是随着周围的变化而变化的相对现象"就可以了。即使天气和光源改变了，人造物体的颜色也不会发生物理上的变化，我们可以将其理解为受周围变化的影响而"看起来像是变了一样"。

换句话说，并不是只有一方在变化，而是如果一方改变了，则另一方也会不得不改变。我们可以把这种现象看成是一种"特性"，这样有些问题就会迎刃而解了。

很多人就会问，应该以什么状态下的光为基准来确定颜色呢？通常情况下，我们可以用白天的自然光（例如北面窗户的散射光，而不是直射光），但如果不得不在夜间或室内进行选择的话，可以以国际照明委员会（CIE）规定的标准光源 D65 为标准。市面上就可以买到检测用的卡片，可以确认现场的照明环境是否接近 D65。

光会导致颜色的外观发生变化，这一点被称为演色性。我们会在一定条件下对演色性进行判断，特别是在印刷或产品管理的现场，这样，即使产品在不同环境下呈现不同的样子，我们也能保证其性能不会受到影响。

如果是建筑外部装饰的话，最好是将在白天的自然光中做的判断作为标准，而且我们最好习惯在这种条件下进行比较。

甲州市，山梨县，2015

图 1-56

传统日式住宅是由木头、泥土（墙面）、石头等材料构成的。因为风吹雨打，颜色的色度会随着时间的流逝而下降。同时，我们发现越来越多的现代建筑外部装饰使用的建筑材料具有很强的耐候性和耐久性，因此很难产生由时间的推移而孕育出的色彩。

建筑师内藤弘先生在一次讲座中说过："人工建筑材料是不受时间浸染的"。我听了之后恍然大悟。如果把建材看成是和我们一样的生物的话，要增加其"韵味"，则"时间的流逝"就必不可少。

在此我想提醒大家的是，虽然防污、不褪色也是一种价值，但有一些风景只能由时间来造就。

营造地区"特色"的色彩

有一次圣诞节的时候，我在京都的出租车上听司机说，这几年万圣节比圣诞节更为火爆，这让我觉得有点惊讶。

我的确感受到，身着盛装游行的人们形成的"移动的色彩"正在逐渐成为新的元素，为城镇景色增添色彩，而且这一趋势正在日本范围内蔓延开来。

然而另一方面，在我去各个地区调查的时候，又时常会感叹，有些风景居然依然留存着。例如，冈山县奈义町的瓦房农舍的屋檐高度非常低，仔细看去，好像背负着背后的山林（被称为"コセ"的防风林）一样。据当地人说，这种设计是为了阻挡从山上吹下来的强风。我认为，这样的"原因与结果"是当地长久以来的独特要素，充分体现了当地的"特色"。

关于图 1-56 里的民宅和渔师町的院子里的柿子树，有一种说法是，它们原本是为了采集柿漆而种的。祖先们用智慧和努力想出了让涩柿子干燥变甜的方法，而这一方法为当地增添了不少色彩，这一点让我越来越感兴趣。我感觉到，这些民俗与地区的特色密切相关。

在现代都市里，像上述的"原因与结果""传承下来的巧思与智慧"这种随着时间流逝的痕迹以及时间积累下的财富越来越少了，我认为这导致了各地缺乏"特色"。不过同时，像万圣节这样的节日活动或许可以成为造就城市"特色"的新元素。

注：照片是重要文化遗产——高野家故居（山梨县甲州市，甘草屋）。

虹夕诺雅京都度假村，西京区，京都，2015　　　　　　图 1-57

石头的接缝处会形成阴影（图 1-57）。

大而光滑的表面会比有密集接缝的表面看起来更明亮。

接缝形成图案，凹凸形成阴影，光线形成浓淡。

即使是同一种材料也可以创造出如此多样、丰富的表现形式，这让我惊叹不已。

那么，"观察"颜色到底指的是什么呢？

观察并记录颜色本身

通过观察由相同材料构成，但尺寸和表面加工方法不同的物品，我发现颜色的外观是由它与光的关系决定的。比如天然石材和瓷砖。

我曾写过一些自己在实际工作中学到的关于颜色外观的知识和体会，不过相信有很多不是专家的人也通过观察颜色而对这些现象有过同样的体验。

观察地区的方法之一是实地考察。

庆应义塾大学 SFC 的石川研究室在德岛县神山町进行了以"从景观设计的角度来重新发现作为地方资源的魅力景观"为主题的实地考察。研究过程以"观察、采集、分类、整理、组合、展示"的顺序呈现，通过对每一阶段的深入挖掘，我们这些从未去过神山町的人的脑海中也开始浮现地方景观的样子，以及它们相互之间的关联。我认为，实地考察光是看（观察）是不够的，重要的是可以从中提炼出什么元素。

在对色彩的实地考察中，我尝试通过测量（量化）色彩让其脱离材料和形状，试图描绘出"色彩"是如何影响城市面貌的。我们要把"当地的色彩环境"（而不是形态、规模、用途或设计等）作为地区或城镇的构成元素进行提炼和分类整理，并以此进行新的设计。

观察颜色本身。这件事在习惯之前或许会觉得很难做到，但我鼓励大家去尝试一下。

黑色与城镇

如果想要用鲜艳的色彩来营造繁荣的景象的话，我认为可以模仿"Ⅲ自然界的色彩"，将其作为环境中图案性质的要素（移动的物体、临时的物体）。不过近年来，特别是在城市中，我们也会看到很多繁荣的场所使用单一色调。

我曾在有商业设施的公园内看到过一间限时开设的咖啡馆（7 月中旬~8 月末），它的外观是黑色的，应该是运营公司的产品形象主题颜色（图 1-58）。我查了一下这个活动的网页，得知这家店提供的是酒和时令水果制成的饮料。

我路过这里的时候是上午，时间尚早，只能拍到还没开始营业的照片。但可以想象，当这里摆放着食物和各种颜色的饮料，人们在椅子上休息时迷人的动态景象。这段经历让我意识到，即便是面积很小的临时（临时的图案性质的元素）的物品，也可以成为衬托人们活动和商品的"背景"。

东京中城，2010   图 1-58

第四节可能是全书中最"暧昧"的一部分，有很多模棱两可的内容。

正如标题"方法论（之类的东西）"所示，我不能保证本书中的内容在其他地区或情况下同样有效，很多时候用其他颜色也完全可以。不过参考书中的内容，应该可以创造出一个令人印象更深刻的、与周围融合得更好的环境。

同时，我会尝试利用这些过去的色彩体验来再现同样的效果或情境。

第四节

城镇与颜色的方法论（之类的东西）

永代桥，江东区，东京，2018

图 1-59

　　2014 年冬天，我用两天的时间测量了从吾妻桥到胜哄桥的隔田川上的桥的颜色（→提示 74）。我对当时的感受记忆犹新，"水边与冷色系的契合度真好啊"。或许这是因为水边的天空比人造物密集的市区的天空更宽广，水与天的颜色让人印象更深刻吧。

　　大型构筑物的特征之一是能够很直接地传达颜色的形象，特别是在单色的时候。图 1-59 中的桥是冷色系的，但明度高。除了环境和材料契合度极好之外，明亮的基调色也能缓和桥的厚重感。当然，不是说厚重的造型不适合搭配同样让人觉得厚重的颜色，而是如果不过于依赖单一要素（比如厚重）的话，色彩给人的印象或许会更为深刻。

坚硬的颜色、柔软的颜色

在色彩给人的心理印象中，轻、重、软、硬的感受对建筑或构筑物的外观影响很大。根据我的工作经验，我觉得影响最大的是主体（框架）的材料与颜色的契合度。

比如，桥梁的钢架是硬质材料，如果使用给人以明亮柔和印象的暖色系，比如淡红色、黄色的话，就会产生一种心理效果，让桥梁整体看起来更轻盈。相反，如果用深蓝、深绿这种低亮度冷色系的话，就会加深其厚重的印象。

当然，这里还要考虑色彩与周围环境的平衡，所以不能只根据颜色与目标物体来判断，不过我觉得，目标物体的面积越大，对颜色的轻、重、软、硬等感受的影响就越大。

我们既可以选择与物体的重量和质地相契合的颜色，也可以选择给人以相反印象的颜色以改变人们对物体的印象。这种技巧被称为"色彩调理"，源于用色彩心理学来减轻工作负荷等。比如，人们会觉得白色的纸箱比原色的纸箱更轻。建筑和构筑物的规模越大，就越有可能因为色彩的选择而给观看者带来某种"负荷"。在思考、验证颜色与目标物体的契合度，以及对周边环境的影响的时候，我们可以灵活运用色彩的心理效果。

图 1-60

轻井泽町，星野区，长野县，2013/2014

图 1-61

颜色可以给人各种印象。很多时候，过分依赖颜色的简单易懂来传达信息的话，会使外观和招牌与实际的产品、服务或者城市给人的印象相去甚远。在看待颜色给人的印象中，有很多大家共通的部分，但有时也因为每个人的经历与喜好不同而大相径庭。

在长时间的色彩工作中，我越来越觉得在店铺或现场享受服务时能感受到的氛围与季节感比起公司或产品的形象更为重要。

例如图 1-60 中沐浴着夏日阳光、在凉爽中闪耀的白色门帘，又如图 1-61 中好像被周围红叶染就的深红门帘。

即使从远处看不出是什么店，也能够感受到这种吸引人眼光和嗅觉的氛围。

吸引眼球，同时让地区更具魅力的广告

在过去的几年里，我参与了很多从景观的角度讨论户外广告安装的审议。随着印刷技术的发展，户外广告变得越来越大，同时又因为数字标牌的出现而变得越来越多样。

在此过程中，比起让客户感受到广告的魅力，商家更希望自己的广告更大更显眼，而行政部门则认为"不规范的张贴可能会导致景观恶化"。因此，长期以来，在广告的监管问题上一直存在着种种矛盾和妥协。过于严格的规定会增加行政方面的负担，但放宽限制又会让《景观法》制定以来在重点地区实施的成果化为乌有。我认为，对户外广告要进行一定的限制，对特例的投放方式和内容进行慎重的讨论与审议，进行恰当的事后评估，并为今后其他情况积累案例。这样的评价或许趋于中庸，但我确认我们还需要做很多像这样的实际工作。

在这种情况下，各个自治体已经开始制定关于户外广告的指南，以引导大家做出既适合当地景观，能帮助营造地区繁荣景象，又精致讲究的优秀设计。

作为参与审议的人员，在熟悉法律制定的实际情况的同时，我们还要探寻像上文案例一样的更好的广告宣传方式，让户外张贴的广告既能吸引游客的同时，又能让地区更具魅力。

未来 21，横滨市，神奈川县，2015

图 1-62

　　在 CI（企业形象识别）企划中，让标记（logo）和色彩的组合作为企业的象征反复出现，能有效地提高公司产品和服务的知名度。

　　同时，随着这种方法在各行各业的广泛运用以及在日本范围内的传播，各地的风景渐渐趋同。不过，近年来的实践逐渐证明，即使不采用统一的 CI 企划，也能充分展现企业的目标、方针和形象的魅力。

　　在灵活运用历史遗产的同时进行开发的横滨市，便是处处充满了适合城市景观的色彩搭配。

颜色的运用尊重长期存在于此地的事物

横滨市是一座在城市规划上一直走在前列并不断变化着的城市。从事建筑、土木、城市规划的人大概都会以某种形式参考横滨市的案例与成果。

很多地区都在强调利用历史遗产，但有时却会因为建筑的抗震能力或维护管理成本等而不得不选择以旧换新。在这种情况下，我认为只要做到让新建或新设置的物体颜色与当地协调，就能让在这里生活、工作，以及前来观光的人感受到"这是一座尊重历史的城镇"，同时还能让人们有机会在日常生活中认识到历史的重要性以及城镇的前世今生。

有人说，CI 企划提供了一份可以在任何场所、地区、状况下形成统一形象的指南，从而降低了广告的制作成本。在每个地区设置不同的广告是很难的，但即使不改变设计，只要让色相与周围环境相配，就能给人沉稳的印象。而且，把高色度颜色的面积控制在一定范围内，会让来这里的人觉得"好像和别的地方不太一样"，还会让人觉得这个企业考虑了当地的景观，从而有效地树立起良好的形象。

有评论说，从司机的角度看，图 1-62 中的招牌"不显眼，难以辨识"。对此，我想大家可能还需要一些时间来适应上文中的各自治体、各公司对不同地区广告所做的不同处理。

图 1-63

甲州市，山梨县，2015 / 2016

图 1-64

在城镇规划中，把所有东西一扫而空从物理上来讲是不可能的。即使设想着把所有东西擦除并描绘出一幅自认完美的图画，也不大可能实现。

擦掉线条，再画一遍，试着改变颜色。不仅要做加法，有时还要做减法，像这样，我们不断地调整景色，考虑色彩设计的可能性。

图 1-63、图 1-64 是在山梨县甲州市进行的"改善车站景观工程"的前后对比图。我们征集市民志愿者，将葡萄园蔓延的山坡上过于显眼的白色护栏外侧重新粉刷成了甲州棕色（10YR 4.0/1.0）。

如何通过颜色调整景观

根据 2004 年制定的"景观友好型防护栏等的整顿指南"⊖，"景观友好型＝改成茶色"这个观点在日本范围内传播开来，让人恍惚间觉得茶色好像真的适应所有场合一样。为此，我不厌其烦地在各种场合建议"这种情况不用茶色更好……"实际上，在讨论包括周围环境在内的目标物体应该怎样的时候，即使不是专业人士也能给出"低色度的冷色比茶色更适合这里"之类的意见。归根结底，我们还是要结合具体情况、具体问题进行具体的讨论。

在讨论色彩的时候，如果需要给出建议，就不能从一张白纸的状态开始考虑"什么颜色好呢？"而是要整理周围环境的条件，确定我们的方向。在缩小到一定范围以后，再与相关人员商量并做决定。这样做，既能有学以致用的满足感，不偏向非专业人员的喜好，又能与他们达成共识。

景观不只是颜色的问题，但我始终相信色彩是有一定作用的，并相信色彩拥有改变风景印象的力量。在上文的案例中，或许会有人建议改变护栏的结构或设计。但考虑到地方政府的财力，单纯因为景观而将功能上没问题的护栏换成新的显然不是最优选择。

我认为，是时候让大家一起学习如何设计有地区特色的景观了。

⊖ 2017 年修订为"景观友好型道路设施等的指南"。

武汉市，湖北，中国，2014

图 1-65

　　我对"反差色"这个词有着强烈的向往。平时很少有机会尝试这种色彩搭配，但身临其境地体验过后发现真的很不错。

　　当时的我冷静地分析了为什么这样的色彩搭配会给人留下深刻的印象之后，就决定将来自己一定也要用上这种色彩搭配。

　　图 1-65 中，建筑和周边环境的底色很一致，绿色作为亮点，互补色的红色是反差色……窗户周围白色的点缀恰到好处。

如何让颜色的外观令人印象深刻

如果是海报、传单等纸媒上的平面设计，或者以成品的形式展示的产品的话，很多时候我们可以根据需要来设计"亮点"让整体形象更加紧凑，或者让想要强调的地方给人留下更深的印象。

某些城镇中建筑外部装饰上作为"亮点"的颜色和材料可能会显得很突兀。每每遇到，我都会思考其原因。通过与图 1-65 这一让人印象深刻的事例进行对比，我发现或许区别在于颜色的运用是否"干净"。

偶尔在城市中遇到令人印象深刻的色彩时，我的心情就会振奋起来，同时也会略松一口气。我想，这或许是因为我意识到设计者（店家）的意图，在陌生的城市里感受到了"同伴的气息"吧。图 1-65 是在中国湖北省武汉市拍摄的。它与之前我对中国的所有印象都不一样，而且总让我觉得怀念。看着图 1-65 中的景象，在这语言不通、初次到访的地方，不知不觉中，我开始想在此地喝一杯茶。

我认为颜色是一种信号，店主的信息是"请进"。为了将这样的信息简单明了地传达给对方，我们只需要一种单纯用颜色就能诠释的"简洁"。而且，颜色鲜艳的地方只有在一楼的人才能看到，因此对城镇的形象也毫无破坏（→提示 33）。

图 1-66

船桥市，千叶县，1997 / 2019

图 1-67

因为需要翻修的缘故，我重访了 20 年前左右做过色彩设计的团地。

时隔很久再次拜访，我发现周围建成了很多公寓和商业设施，城镇的面貌发生了巨大的变化。

原先的色彩搭配给人的印象是稳重柔和的，但经过了这么长时间，我发现这样的色彩搭配已经不够了（图 1-66）。

住宅楼的布局和外观设计是无法改变的。设想着此后 20 年的变化，我选择了充分降低色度，突出明度的对比，以营造更加沉稳的印象。

另外，我还以翻修为契机设计了新的标志，设置在入口周围和山墙上，让住宅单元各具特色（图 1-67）。

顺应时代和环境的变化，创造新的魅力

近年来，很多次我负责自己曾经做过色彩设计的项目的翻修。让我越来越多地感叹，原来工作时间足够长就会遇到这样的事啊。

我们做过很多公共团地的外部装饰的色彩设计。与私人住宅不同，公共团地的维护管理是由行政单位和独立行政法人等组织来进行的。很多时候由于负责人几度更迭，如果 15~20 年后要进行翻修的话，找不到以前的色彩设计是由谁负责的情况比比皆是。

在这种状况下，我曾在 1~2 年内参与过 4 个团地的重新粉刷。恰好其中 3 个以前是由我们负责设计的，委托的负责人之前并不知道这一点。

这种时候，大多数人会略带拘谨地问"……是不是不改比较好啊？"反倒是我们会积极地提案，说"周边的环境都变了这么多了，所以我们也改吧。特别是污渍明显的地方，要换成不显眼的颜色。"

涂料是一种与其他建材相比调色自由度更高的饰面材料。我相信可以根据时代和环境选择"适当的颜色"，相信可以赋予镌刻着时光韵味的团地以新的魅力，并希望能继续我们的实践。

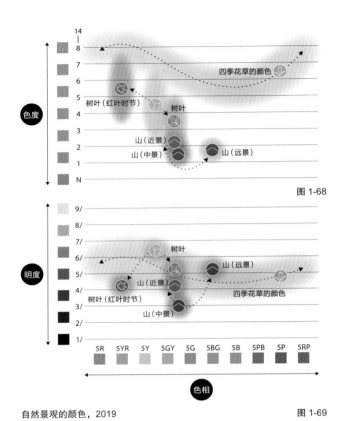

图 1-68

图 1-69

自然景观的颜色，2019

随着季节和距离的改变，自然景观的颜色也每时每刻都在变化（图 1-68、图 1-69）。

例如，在远景中山的绿色的色度会比较低，而在中、近景中则是明度降低。树叶颜色的色度约以 4 为主，即使是鲜艳的树叶也在 6 以下。

到了秋天，红叶的颜色会接近 Y~YR 系，色度逐渐变高，明度下降。

观察这些倾向，我们会发现变化中也存在着各自的上限和下限，以及色相的统一等特征。

我们会建立一些指标，比如"静止物体基调色的色度不能超过树的绿色"等，并弄清楚目标物体与周围形成的对比。

利用自然变化

很多人在委托我们设计的时候会说 "单色、淡色会很单调吧，有一些亮点是不是会更好？" 还有人说 "想用颜色玩一些花样"，虽然这种情况很少，但我觉得人们对颜色应该还是有所期待的。

但是，在从事色彩相关工作的过程中，我逐渐发觉最好不要期待单独的人工制品能发挥什么效果。因为人工制品（特别是在当地无法移动的大规模物品）的外观是受周围变化影响的。

我参与过公园里展示水生动物的设施的翻修项目。原有建筑物的外部装饰颜色是鲜艳的浅蓝色，在绿意盎然的公园里显得略有些突兀，让人觉得不自然。考虑到设施周围有很多落叶树，我将设施的外部装饰颜色改成了作为自然界基调色的温和的低色度暖色系。之后接到报告说，改变了背景颜色之后，那里秋天的红叶也变得让人印象深刻了。

我认为，即使不用大规模人工制品的颜色去表达或象征什么，也可以通过周围的变化创造出各种各样的效果和印象，为环境带来好的影响。

自然的威力无穷无尽，但它也是日常生活中的一种重要存在，能够让人切身感受到季节和时间的变化。在几千年、几万年的人类活动中，自然的色彩不断循环往复，然而不可思议的是，我们永远不会厌倦它们。

图 1-70

大卷伸嗣 "回荡无限～不朽的花朵（Echoes Infinity ~Immortal Flowers~）"
东京花园露台纪尾井町，千代田区，东京，2016

在城市中，偶然会遇到让我惊叹的色彩。

图 1-70 中是设置在千代田区纪尾井町的重建区广场的公共艺术、现代美术家大卷伸嗣先生的作品 "Echoes Infinity ~Immortal Flowers~"。

艺术作品缤纷的颜色为色调沉稳但质地坚硬的城市增添了色彩。因为这个作品位于地铁的出入口附近，所以它也成为当地的新地标。

在周围散步的人们，坐在河边休息的人们，时刻变化着动作的人们，也为城市增添了色彩。

城市的颜色

城市中的高层建筑越来越倾向无彩色化和高明度化，这一点从我们几年前在东京进行的大范围色彩调查中就可以看出。不过另一方面，在这样的环境中，我们也可以通过推广绿化来确保统一的色彩，让建筑映衬自然的绿色。

被玻璃、金属等材料以及中性色调所统一的城市与自然的绿色构筑的色彩环境，能为在城市里工作、生活的人们提供舒适的环境。但新的城市给人的印象大同小异，会让人难以发现当地的个性与特色。

在这种情况下，作为组成城市"新"个性的元素，高层建筑脚下的公共艺术接近人的尺度，或许正好可以为越来越无彩色化、高明度化的城市提供"颜色恰到好处的体量"。

另外，我们可以从各种各样的角度观赏立体作品，所以它可以呈现多种样貌，这也是它的特征之一。公共艺术可以吸引路人的视线，成为地区的地标。我羡慕地想着：或许可以在公共空间中自由、大胆地使用颜色是艺术家的特权吧。

提示
48

厌
烦
·
不
厌
烦

表参道，涩谷区，东京，2010

图 1-71

如果是模仿自然界的色彩结构（→提示32）"生物都有鲜艳的色彩"的话，那么我完全认同建筑的临时围栏就应该如此鲜艳、引人注目（图 1-71）。

短暂地给人留下深刻的印象，然后逐渐恢复以前的面貌或者变成新的面貌。这就好像生物蜕皮，随着季节和状况改变自己的颜色一样。

城市也是活着的一种生物。

想象时间的流逝

　　就像时代的潮流一样，我们的生活充满了变化。新的商业设施建成后会成为媒体热议的话题，新的住宅和办公楼在建筑杂志上次第登场。相比当今信息社会的速度，物品或城市更新换代的速度似乎也在逐渐加快。我经常参与团地的翻修工程，这些翻修的实施通常是有计划的，我们可以看到外部装饰的颜色以15~20年为周期进行更新循环。在选择翻修的外部装饰的颜色的时候，我们首先要彻底地想象一下这"15~20年"的时间经过。可以说，这个时长就是涂装颜色的预期寿命。

　　展望包括周围环境的变化在内的未来是很困难的，但要回溯相同时间长度的历史就比较容易。通过每隔几年确认一下自己做过的设计，观察经年变化容易发生在什么地点、什么部位，我们可以掌握应该选择什么样的"色域"。另外，为了让选择的颜色过了很久也不会让人厌烦，我们需要打造坚实的底色（作为基调的颜色），不要让固定的东西具有过多的色调。

　　另一方面，厌烦、不厌烦的感受也因年龄和经验的不同而异，厌烦未必是一件坏事。倒不如说，创造的可能性就在于以"人们都是容易厌烦的"为前提，在容易形成变化的部分积极地营造变化。

"KANNAIGAI OPEN!8"，横滨市，神奈川县，2016　　　　图 1-72

　　在与城市相关的工作中，色彩常被当作用于营造繁荣景象的元素，比如经常有人对我提出"没有户外广告的话感觉不热闹，冷冷清清的"或"多用一些热闹的色彩搭配吧"这样的要求。

　　色彩在空间和环境中营造出的"热闹"确实蛮有趣的，我也能够感受到它的魅力。但如果只是很多鲜艳的颜色堆积起来的话，或许能有效地成就短暂的热闹，却很难造就当地持续的繁荣。

　　我希望能够通过开展热闹的活动，以及营造促进活动开展的空间，来创造富有鲜艳色彩的环境（图1-72）。

颜色能带来热闹和活动吗？

热闹终究是人的活动带来的，我认为"热闹"的颜色这样的说法不过是一种比喻、形容。

我曾接到过这样的委托。商业街冷冷清清的，路上行人稀少，委托人希望在街上画画让它显得"热闹"一些。

我们希望结合区域特色来选择画的主题，以及引出一些有关创作过程的话题以娱乐到访的人，能够带动当地活动持续开展。但需要注意，不要觉得"内容无关紧要，只要画上图案这里就能热闹起来"，不要让行为成为目的。

如第一章第三节"自然界的色彩结构"中所述，在自然界中只有"生物"才具有鲜艳的颜色（→提示32）。除此之外，自然界中还有"用鲜艳的颜色吸引其他生物"这个与物种延续相关的特性。如果是花，就是为了促进授粉，如果是昆虫或鸟类，就是为了吸引异性。虽然目的不同，但主题都是"吸引眼球"。那么同样的，为了营造热闹的景象，或许我们也可以使用鲜艳的颜色。也许有些时候，正是因为这个地方有颜色，人们才会容易在这里聚集。正是因为这个地方有标记，这里才会变得繁荣。

不过，像这样"吸引眼球"的效果大多是短暂的。我们需要考虑使用鲜艳颜色的场所是常设还是临时搭建的，同时也要思考如何营造持续的繁荣和变化。

不同程度的视觉吸引力

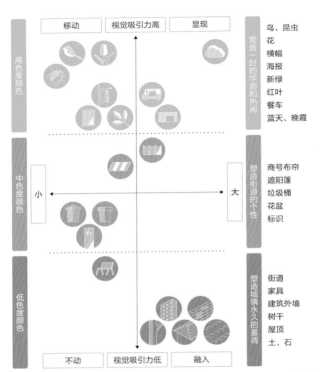

不同程度的视觉吸引力，2019

图 1-73

在进行设计的时候，我们要通过思考目标要素在环境中的定位来讨论和选择颜色。

图 1-73 表示不同程度的视觉吸引力，是尝试将构成环境的种种要素之间的关系可视化的结果。其中纵轴表示元素是可以移动的（图案）还是固定的（背景），横轴表示面积大小。

比如，如果场地前有一棵银杏树（移动的颜色）的话，固定的物体的颜色的明度和色度就不能超过秋天的银杏树叶。颜色的变化留给那棵树（移动的颜色）就可以了。

这可以成为进行各种验证时的指标之一。

应该尊重的事物的优先顺序

我们经常用左边这幅图来说明环境色彩设计的视角。所谓"视觉吸引力"是指颜色吸引眼球的"程度"。一般来说，暖色系、高色度颜色比冷色系、低色度颜色的视觉吸引力更强烈。例如，如果想让人们对自然的绿色印象深刻的话，就不要让鲜艳的暖色系的体量和绿色一样大，因为这样会降低绿色的视觉吸引力。

即使是考虑单个建筑或构筑物的颜色的时候，也要弄清楚周围有什么样的色彩环境，以及目标对象在整体环境中看起来如何。这样做可以把设计当作环境中的一个要素，让大家一起思考环境中"色彩的层次划分（等级制度）"

这个做法不仅在建筑和构筑物的色彩设计中适用，而且在给室外空间铺路，以及讨论各种设备、设施的色彩时也发挥着重要的作用。人们趋向于选择使用艳丽或与周围对比强烈的颜色，因为想让人更方便地认识到新安装的设备、设施的效果和功能。另外，以地方名产、特产为元素，将其形象颜色作为设备、设施的外部装饰色彩的事例也在各地屡见不鲜。

在建筑、构筑物或公共设备、设施中采用有特色的颜色本身无可厚非。但在将单纯的"醒目"作为最优先条件，对把地区的元素印在各种场合这种行为大加赞赏之前，我认为我们应该首先明确"目标在环境中的定位"，从而确认我们最应该尊重的是什么。

第二章

色彩运用的基础知识和标准

在选择颜色或考虑色彩搭配方案的时候，不应该胡乱"上色"，而是要通过理解颜色的结构及其外观特性来避免"误解和错觉"。

关于色彩搭配方案的事例集和参考书有很多，但本书针对从事"建筑、土木工程设计以及用色彩进行城市景观设计"的人们，汇集了工作中需要掌握的最低限度的内容。

第一节

基本色彩结构

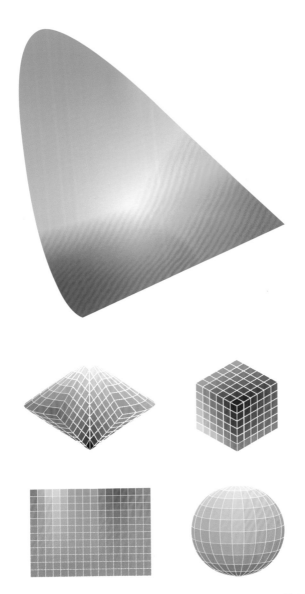

图 2-1

颜色系统，2019

准确表示颜色

一直以来，许多研究人员都在尝试"表示颜色"。

如何将由多种要素构成的颜色数值化，将其简单易懂地表示出来呢？这一项研究据说在 18 世纪后半叶的工业革命之后得到了很大的发展。我们可以设想，想要大规模生产某产品的话，就不能继续使用过去在一定的范围内、共通的语言圈里用过的"沉稳的红色"这样的表达方式了，因为这种表达会导致各种各样的问题出现，使得开发和管理无法顺利进行。

20 世纪以来，人们在如何准确表示色彩这件事上取得了很多成果，多个国际通用的方法被发明出来，并逐渐形成了色彩的协调论。

让色彩更准确、更具有辨识度。回顾研究的历史，我们会发现除了对研究本身的兴趣和热情以外，时代和社会的要求似乎也起到了推动作用。

比如，世界地图有墨卡托投影法和等距方位投影法等多种制图法，但无论哪一种都会在将三维转化为二维时在面积或距离等某一方面产生矛盾。在这一点上，地图的画法与颜色系统的多样性有相似之处，因为人们都会为了弥补矛盾而同时采用多个具有不同特性的体系（图 2-1）。

2006 年，日本建筑师鸣川肇 (Hajime Narukawa) 发明了一种能够更准确地表现世界地图的制图法，叫作"Authagraph"。我相信，颜色系统也依然存在准确表示颜色的更多新的可能。

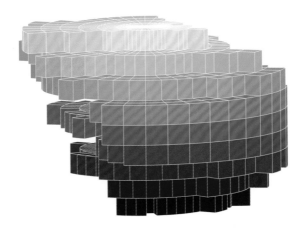

图 2-2

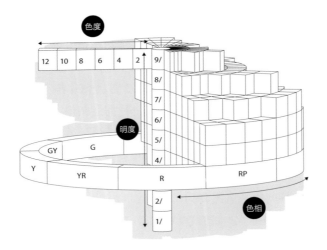

图 2-3

孟塞尔颜色系统，2019

通用性高的颜色尺度

在各种各样的颜色系统中，目前在色彩管理和表示上使用范围最广的是被 JIS（日本工业标准）采用的"孟塞尔颜色系统"（图 2-2、图 2-3）。

在"孟塞尔颜色系统"中，颜色被分解为 3 个属性（色相、明度、色度），人们通过属性的组合来表示固有颜色。

孟塞尔是人名，是一位美国的画家兼美术教育家。在他的著作《A color notation》（1905 年）中，有关于其理论的说明，非常细致且简单易懂。

孟塞尔颜色系统的最大特征是"颜色次序制"（将物体颜色按顺序排列，并用合理的方法或设计将之标准化的颜色系统），也就是一个"系统"。

颜色系统的用法之一是将它作为用来"测量"的"尺度"（→提示 88）。我们可以用它来表示物体的颜色。除此之外，还可以通过测量两个颜色之间的距离来进行颜色之间的比较和验证，根据其差异程度来进行协调的色彩搭配。

如前文所述，孟塞尔颜色系统并不是完美的。由于每个色相（色调）的最高色度的数值不同，立体的孟塞尔颜色系统会存在图 2-2、图 2-3 中的"变形"。这是因为视觉上的等级导致色度相同的不同色相的颜色让人感觉鲜艳程度不同的现象。这是这种"变形"带来的负面因素，不过如果注意到这一点的话，我们可以提前考虑人们对鲜艳程度的不同感受，并以此为前提进行设计。

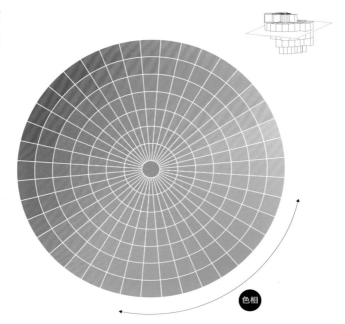

色相

图 2-4

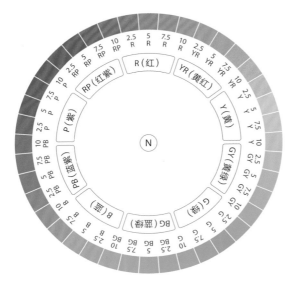

图 2-5

色相环，2019

色彩搭配的基础——色相

孟塞尔颜色系统由以下 10 种色相组成：R（红）、YR（黄红）、Y（黄）、GY（黄绿）、G（绿）、BG（蓝绿）、B（蓝）、PB（蓝紫）、P（紫）和 RP（红紫）。此外，每一种色相又被分为 4 份，分别加上数字 2.5、5、7.5、10。比如，红色可以写成 2.5R、5R、7.5R、10R。

符合孟塞尔颜色系统的"JIS 标准色票"使用了将这 10 种色相各分成 4 份得到的全部 40 种色相，共有 2163 种颜色。

如图 2-4、图 2-5 所示，色相成"环"状，与相邻的色相是连续的。色相的数值越大，就越接近右侧相邻的色相，例如 10R 的下一个是 2.5YR。

没有色相的无彩色不在环上，而是在环中心。取无彩色 = Neutral 的首字母，记为 N。

各个色相的中心（例如红色中既不接近红紫也不接近黄红的最红的红色）是 5。所以，5R、5YR、5Y、5GY、5G、5BG、5B、5PB、5P、5RP 是各个色相的中心色。

要想"用好"颜色，就必须首先充分理解色相（色调）具有这种"环状"的连续性、会逐渐转变为相邻的色相这一点。

色相也是构成各种印象基础的"颜色的特征"。

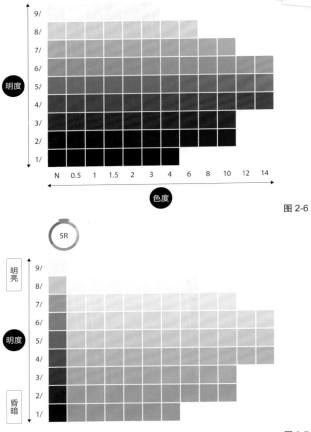

图 2-6

图 2-7

明度值，2019

光的反射、吸收引起的明暗变化

明度是明暗的尺度。

在孟塞尔颜色系统中，最理想的黑色被设为 0，最理想的白色被设为 10，这两种颜色之间的差距被分为 11 份表示出来（图 2-6、图 2-7）。

最理想的黑色 0 是指能完全吸收光的颜色，一般不会作为物体的颜色存在⊖。因此，在孟塞尔颜色系统的标记中，下限是明度 1，上限是明度 9.5。JIS 标准色票的刻度是 1.0，日涂工的色彩样品册中的刻度是 0.5，不过随着对高明度（明亮）颜色的需求不断增长以及更精细的颜色使用，近年来，色彩样品册上的颜色变得更加多样，比如包括了无彩色系或一部分高明度颜色等（例如明度 9.3、8.7）。

在建筑和土木工程领域，目标物体的规模通常比较大，所以它的明度给人的印象会对周围的环境产生很大的影响，当然它也有可能会受到周围环境的影响。

如后文 "57 颜色的外观特征①" 中所述，我们不仅要考虑单个物体（单色）的外观，还要考虑它与背景或周围物体的关系，这一点非常重要。

⊖ 黑色 0 一直以来被认为实际上是不存在的。不过近年开发出了一种叫作碳纳米管黑体的特殊涂料，由此出现了能吸收 99.9% 以上光线的物体颜色。

提示
55
色度

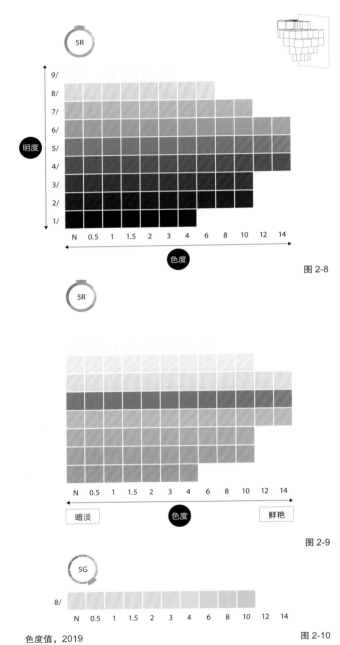

图 2-8

图 2-9

图 2-10

色度值，2019

130

鲜艳、暗淡、华丽、朴素

从没有色相的无彩色（色度 0）开始，随着色度数值的增高，颜色也会变得更加鲜艳。

在孟塞尔颜色系统中，不同色相的最高色度（纯色、原色）的数值也不同，例如 5R（最正的红）在明度为 6 的时候的最高色度是 14。用孟塞尔颜色系统记为"5R 6/14"（图 2-8）。

颜色的色度数值越高，给人印象就会越鲜艳、越华丽。相反，色度数值越低的颜色，在与中、高色度颜色对比的时候就越容易给人以暗淡、朴素的印象（图 2-9）。

鲜艳的颜色本身就具有很强的视觉吸引力，通常人们在比较高色度与低色度颜色的时候，目光往往会转向更鲜艳的一方。

不同专业领域常用的颜色范围也不一样，建筑和土木工程常用的暖色系颜色的色度大概集中在 4 以下，冷色系则是大概在 2 以下，而在暖色系中，色度 0.5 ～ 1.0 左右的颜色尤为常见。因此，在日涂工的标准色彩样品册中，外部装饰中常见的低色度颜色很多是以 0.5 为刻度的。JIS 标准色票的 5G（绿）的最高色度就只有 10（图 2-10）。在以表示和管理等为目的的 JIS 标准色票中，很多时候最高色度的数值甚至低于印刷等能表现的鲜艳程度的上限。近年来，随着相关技术的发展，已经可以再现显色良好的颜色，使得在室外使用更加鲜艳的色调逐渐成为可能。

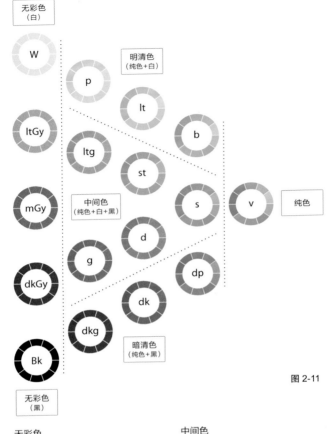

无彩色
（白）

明清色
（纯色+白）

纯色

中间色
（纯色+白+黑）

暗清色
（纯色+黑）

无彩色
（黑）

图 2-11

无彩色

W (White)	·················	白
ltGy (light Gray)	·········	亮灰色
mGy (medium Gray)	·····	灰色
dkGy (dark Gray)	·····	暗灰色
Bk (black)	·················	黑

明清色

p (pale)	·················	淡
lt (light)	·················	浅
b (bright)	·················	亮

中间色

ltg (light grayish)	·········	亮灰调
g (grayish)	·················	灰调
st (soft)	·················	柔和
d (dull)	·················	钝
s (strong)	·················	浓

暗清色

dkg (dark grayish)	·····	暗灰调
dk (dark)	·················	暗
dp (deep)	·················	深

纯色

v (vivid)	·················	清晰、鲜艳

色调值，2019

以研究色彩搭配为前提的颜色分类

孟塞尔颜色系统中的数值是按照感知的等距原则设定的，所以不同色相的最高色度不同。关于各个色相的最高色度的差，一方面我们可以用数值表示，另一方面这种差异也会产生矛盾，让色度相同而色相不同的颜色给人不同的印象。

色调是将颜色的明度和色度组合起来的概念，表示"颜色的强弱"。图 2-11 是基于 1964 年日本色彩研究所开发的颜色系统 PCCS（Practical Color Coordinate System）的色调图制作的。PCCS 不拘泥于知觉的等距原则，而是将色调的概念与色相结合了起来，其中色调是把颜色外观给人相同印象的明度、色度分成 12 组得来的。一些尝试利用色彩协调论让色彩搭配更简单的教材采纳了这一成果。

色调还有一个特点，就是特定色调通常有固定的形容词。举个例子，当我们想要采用"清晰"的色调的时候，就可以使用"vivid"色群中的颜色，无论其色相如何。当然，这只能作为一个大概的标准。

将立体的色彩结构转化为平面标记的时候，以孟塞尔颜色系统为首的颜色系统会出现一些问题。像色调这样将两个要素组合起来思考可以帮助我们解开事物的成因，让我们更容易理解一些看上去或者感觉复杂的色彩。

图 2-12

图 2-12 中的 3 条灰线的颜色全部相同。
但受背景颜色的影响（对比），这些灰线会显得忽暗忽明。

图 2-13

图 2-13 中左侧上下两张图中的 3 条白线的颜色相同，右侧
的黑线也是。
比较左右两边，我们会发现正方形背景的颜色的外观会受线
条颜色的影响。

同时对比色，2019

颜色之间的事

颜色呈现的外观与周围环境或背景的颜色有关。即使我们"打算"只看单色，也绝对做不到真的脱离环境，只看着目标物体进行判断。

我认为这是色彩最具象征性的部分。周围的状况（颜色）发生变化的话，目标物体的外观也会改变。颜色的有趣之处就在于它们的相互影响。

可能这一点会让人觉得很懊恼，但颜色的外观的确就是这么容易改变。即使是在同一个地方看同一个颜色，如果光源或背景颜色发生改变的话，目标物体看起来的样子就会改变，再加上光泽和纹理的阴影等，你可能会想"正确地把握颜色几乎不太可能啊"。

长期生活在颜色相互影响的环境中，我们其实在不知不觉中就体验过了颜色外观的各种呈现方式，肯定也做过一些类似的决定。在这种情况下，我认为只要抱着"颜色之间发生了什么？"这个疑问，认识到了色彩的现象性，就会理解颜色外观的呈现方法有某种规律。

知道颜色外观的呈现方法，以及理解颜色存在的某种规律，可以帮助我们做出判断和决定。

一直以来，在对颜色的外观和效果进行判断时，我都会考虑它与周围或背景物的对比和契合度。这能让我说明自己做判断和决定的理由，虽然这不是绝对的，但我觉得能够做到这一点很难得。

图 2-14

如图 2-14 所示，在冷色系和暖色系中，暖色系是前进色（并列放置的时候，看起来更像在前方）。

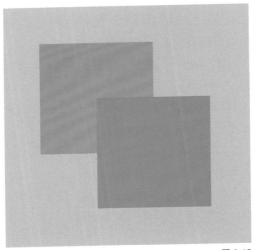

图 2-15

如图 2-15 所示，明度相同的时候，在高色度和低色度的颜色中，色度更高的一方是前进色。

颜色的进退，2019

前进、后退

了解颜色的外观特性后，我们就能利用它的种种效果。

例如，有一种特性是将比较明亮的颜色（高明度颜色）和比较暗淡的颜色（低明度颜色）放在一起对比的时候，前者看起来更像在前方，后者则看起来更像在后方。

这些特性在我们的日常生活中也得到了应用，比如道路白线和交通标志等需要具有较强视觉吸引力的标识。

正是因为有了比较对象，这些特性才能够产生效果。此外，与比较对象形成的"对比度"也会对颜色的外观产生种种影响。换句话说，我们可以通过控制对比度来缩小或扩大目标物体之间的差距。

例如，我们曾在建筑的外部装饰色彩上对以下的效果进行了尝试。在后方的墙面上使用明度较低的颜色，在前方的扶手墙和外部楼梯上使用明度较高的颜色，这样前后的距离感会比使用同样的颜色时更加清晰，立体感和阴影也更明确（→提示22）。

不过，这并不意味着相反的色彩搭配就不能成立。根据规格的不同，在扶手墙和外部楼梯等处使用高明度颜色可能会使老化产生的污渍更为明显。除了外观特征带来的效果以外，我们还应该意识到其对表面的功能有怎样的影响，这一点在涂饰的时候尤为重要。

颜色的外观特征 ③

日涂工色彩样品册（口袋书版）
14mm ×50mm

名片尺寸 55mm×91mm

研究，2019

图 2-16

小颜色、大颜色

二十多年前正是我初出茅庐的时候。那时我参与了一个项目，需要调整由多个建筑师选出的颜色。那时人们还没开始使用计算机软件，所以建筑师们需要亲自从各种色票中挑选出他们设计的住宅楼上要用的外部装饰的颜色，并用乳胶漆制作与色票小卡片颜色相同的大色票（图 2-16）。

为了检查相邻建筑之间是否能够形成色彩平衡，我一次性制作了若干个 B3 尺寸的色票，将色票剪成比例为 1∶100 的图纸的立面形状，又将窗户等用灰纸贴上，完成了一个像剪纸画一样的彩色立面图。

在讨论方案的时候，我带上了这个忠实再现了建筑师们选出的色票颜色的彩色立面图，出乎意料的是建筑师们却异口同声地说道："我没选这些颜色！不对！"当时初出茅庐的我被吓出了一身冷汗，战战兢兢地拿着递过来的色票和彩色立面图做比较，却发现的确是相同的颜色。他们又异口同声地说："但不一样就是不一样，我没想要这个颜色！"

这又是一个有点麻烦的颜色的外观特性。同一个颜色的外观会因大小的不同而不同。将小色票放大了看，其明度、色度都会看起来更高，所以人们很容易一不小心就选择了"明亮、艳丽"的颜色。

知道了颜色的特性后，我们就知道怎么处理了。我们可以将小色票只用于预备选择，而在进行详细讨论的时候准备大的样本，以尽量接近实际外观的形式进行验证。

提示
60
色彩搭配协调

图 2-17

图 2-18

图 2-19

本书写作的契机是在武藏野美术大学基础设计学科 50 周年纪念展"设计的理念与形成：设计学的 50 年"上展出的色彩模型和小册子《色彩手册 50 个小提示》。25 个上了色的色片全部是 10YR 系的，无论怎样组合都能形成色相协调型的色彩搭配（图 2-17~ 图 2-19）。

色彩模型，2016

熟练使用协调的"模版"

就像音乐的和弦与流派一样，色彩协调中也有各种各样的类型。

在平面色彩搭配和网页设计等方面，很多书籍已经总结了各种色彩搭配的规则和设计方法，对此我们可以广泛地运用。只要能灵活运用这些色彩搭配的技巧，在单独的目标物体中营造某种色彩协调就不是什么难事。

但是，我们很难将这种"色彩搭配技巧"应用于建筑或构筑物。这是因为在考虑大规模目标物体的时候，我们很难将它从周围环境，目标物体的用途、目的以及地区，场所与人的关系中脱离。

我们应该把建筑或构筑物放在实际的环境中来确认它的"状态"。不过，在构建目标物体与周围环境的协调这件事上还是存在一般规律的。通过测量各个国家的城镇、建筑与构筑物的颜色，我们发现与周围环境相协调的色彩搭配大致可以被归纳为以下三种类型。

首先是"色相协调型"（→提示11）。整体色相是统一的。其次是"类似色相协调型"。这种类型的色相是由像 YR ～ Y 系这样的相邻几种色相统一起来的。最后是"色调协调型"。虽然色相多样，但色调是统一的。

另外，协调通常给人以均匀、整齐划一的印象，但实际上，在色彩学中，对比也是协调的一种。我们可以在基调部分采用色相协调，并在其中营造明度对比的效果。

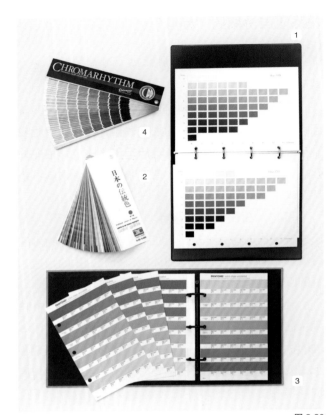

图 2-20

1)《色彩的标准 扩充版》　2）DIC 色彩指南《日本的传统色彩》
3)《潘通可撕色票》（*PANTONE Solid Chips*（*Uncorted*））
4)立邦涂料有限公司《色差》（*Chromarhythm*）

最小限度和最大限度

如前文"01 只要有它就够了"中记载的一样，使用色彩样品的两个主要目的分别是对颜色进行"选择、指定"以及"测量、比较和验证"。

据说人类有能力区分超过 700 万种颜色。考虑到这一点，把所有人类能识别的颜色用样品再现出来实际上是不可能的，也缺乏实用性。

既然颜色是数之不尽的，我们只要根据目的来选择并使用市面上贩卖的色彩样品就可以了（图2-20）。在前文"01 只要有它就够了"中介绍的日涂工发行的《涂料用标准色彩样品册》就是色彩样品的最低限度的代表。

日本色研事业发行的《基于孟塞尔颜色系统色彩的标准 扩充版》⊖ 是一本色票集，系统地总结了40种符合 JIS 标准色票的色调的明度和色度，对于从事景观咨询的行政部分或设计教育等行业的人员来说是一本非常有用的书。

DIC 的色彩指南在图形和产品领域应用已久，因为它的色彩标签可以被剪裁下来，并且附带了油墨配方和 RGB 转换值，所以这本书可以涵盖从色彩搭配的讨论到指定的全过程，对于专业人士来说是一件不可多得的工具。在市面上销售的色彩样品中，这一本的颜色数量可以说是最多的。

DIC 色彩指南的魅力在于颜色数量众多，但对于习惯了孟塞尔颜色系统相对简单的体系的人来说，像这样系统地去选择颜色多少是有些困难的。

⊖ 日本色彩研究所监修《基于孟塞尔颜色系统色彩的标准 扩充版》（日本色研事业，2014 年）

绿色与城镇

　　绿色在 JIS 规定的"安全颜色、标识"中表示"安全、避难、卫生、救护、保护、进行"，其定义中包含的含义和目的比其他颜色更多。相比之下，黄色只表示"注意"，而含义的数量仅次于绿色的红色也只有"防火、禁止、停止、高度危险"这4种含义。我们会发现以交通安全标识为首的很多色彩搭配都符合安全颜色、标识的规定，特别是在公共空间里。在施工现场的有些地方，必须提醒人们注意确保自己的安全，为此一直以来广泛使用的都是被称为"虎纹（条纹）"的黄黑色彩搭配，但近年来，我们发现连接单筒管的树脂路障上开始有了多种多样的色调与设计，比如绿色和粉色，还有一些产品采用了动漫角色的形象。这样做的目的，除了让人们更容易亲近总是杂乱无章的建筑工地以外，还有改善人们对于建筑行业的刻板印象，同时改善工作环境以及周边环境。

东京，2009　　　　　图 2-21

　　我觉得可以认为这些颜色是可移动的颜色，或者是短暂的颜色，所以它们多样一些更好。但是为什么一定要是醒目的绿色呢？思考这个问题的时候，我发现物体的功能、用途和目的会将我们导向不同的方向。

许多人都曾经对一些建筑和构筑物的外部装饰色彩进行过测色，我想尝试着探究它们的材料与颜色对环境产生了怎样的影响。

在这里，我尽量选取了每个人都能利用和接触的设施，当然其中有一部分美术馆或综合设施之类的需要收费。

用比色法可以得出色相、明度、色度这3种颜色属性的数值○。这些数值本身并不重要，我们需要以之为标准和线索来探究目标物体与周围环境或其他建材的关系。

○ 数值是我用视觉感受得出的，仅供参考。另外，种种分析都是我从色彩角度解读的结果，并不能反映设计者的意图，还望大家谅解。

第二节

建筑、土木的颜色及其数值的标准

白色与城镇

十和田市现代美术馆

崔正化《花·马》
十和田市现代美术馆，青森县，2018

图 2-22

图 2-22 中是一座面向公交线路、位于街角的美术馆。入口前有一只巨大的色彩斑斓的雕塑马守望着行人。

提起美术馆，人们很容易联想到庞大的设施，但这个十和田市现代美术馆却是由几个小尺寸的"箱子"组合而成的。从大的开口部分可以看到里面的作品与光景，十分惹人注目。

设计者西泽立卫的建筑大多使用白色，不过实际测量就会发现这个建筑的外部装饰颜色约为 N8.5，是比想象中更"柔和"的白（图 2-23）。我觉得这是因为使用的材料及其与周围环境的关系给人一种比实际数值更"白"的印象。

N8.5

图 2-23

衬托华丽现代艺术的白色

　　外部装饰用的材料是金属板，通常也用于制作屋顶。没有接缝处的金属部件，没有用于挡雨的墙帽，结构非常简洁清爽。

　　形态的轻盈加上外部装饰的明亮，使建筑仿佛就像是薄纸组合而成的箱子。金属板是在工厂加工成型并进行涂饰的，所以表面非常光滑且颜色均匀。光滑的表面在很大程度上使得明度 8.5 左右的白看起来比实际的数值更明亮。这是因为光在平坦表面上的反射率更高，而且有时候光的照射情况可能会使表面看起来略带光泽感。

　　我们还可以推测，随着光照强度的不同，图 2-22 中的美术馆的光照面和阴影面形成的对比也会发生很大的变化。

　　外观会因材料的不同而发生变化，这是颜色的特征之一，不光只是对于明度 8.5 左右的白色而言。这次测色是在 9 月进行的，白色的外观凸显了那时前景中草坪的翠绿、樱花树的深绿还有艺术品的鲜艳多彩。

　　在此之前，我一直认为白色在环境中应该是图案性质的要素，但这个例子让我发现，虽然依旧很难说白色与周围建筑相比是背景性质的，但白色可以在图案和背景中来回变换。这样的来回变换也许受到了十和田市特有的四季变化的影响。下一次，我想在雪景中看看这个美术馆。

提示
63

东京都美术馆

东京都美术馆，台东区，东京，2019

图 2-24

第二章　色彩运用的基础知识和标准

　　图 2-24 是前川国男设计的美术馆。竣工于 1975 年，位于上野公园内，周围绿荫环绕。外部装饰采用了浇筑瓷砖的工艺。墙面的瓷砖不仅能保护墙面，还能与混凝土墙壁融为一体，使得建筑整体看起来十分坚固。

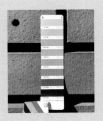

　　美术馆在 2010 年至 2012 年进行了一次大规模翻新，其中馆内彩色椅子的椅面采取了新的色彩搭配，十分有特色，据说是竣工初始时样貌的再现。漫步在美术馆周围，我们会发现从外面就能瞥见楼梯间五彩缤纷的颜色。虽然外部装饰也是有色调的，但内部装饰多彩的颜色更加令人印象深刻，不经意间让人心情愉快。

图 2-25

素烧成的暗红色

　　瓷砖的暗红色约为 10R3.5 /4.0（图 2-25）。这在"本章第三节素材的颜色及其数值的标准"中所介绍的砖的颜色当中也算较暗的。炻器质地的瓷砖因为在高温下烧制而收紧，因此吸水率也会降低。这很可能是建筑师为美术馆选择了能够长期抵御风雪的材料。

　　因为有明度较低的红色映衬，即使是在冬季的微弱日照中，周围的绿色也会让人印象深刻。这里的暗色与明色的明度差其实只有 1 左右，但还是因为整体明度较低而给人一种沉稳的印象，很好地缓和了色度的华丽与色相给人的印象。

　　透过窗户可以看到内部装饰鲜艳的红、黄、绿、蓝等颜色，每种颜色都很好地融入了外部装饰瓷砖的颜色中，成为亮点，且不会给人过度华丽的印象，这一点让人不可思议。我认为主要原因是设计师巧妙地控制了每种颜色的亮度。

　　在《前川国男·弟子们说》一书中有这样的记述："（前川）老师不是用彩色图表，而是用各种词语来传达颜色的形象。"⊖ 通过将 4 原色作为亮点，美术馆整体的色彩自然而然地协调了起来，这样的色彩运用或许也反映了他在老师勒·柯布西耶工作室的所见所闻以及所学所记吧。

⊖ 前川国男建筑设计事务所 OB 会有志《前川国男·弟子们说》（建筑资料研究社，2006 年）第 100 页。

山坡露台C栋

山坡露台C栋，涩谷区，东京，2019　　　　图 2-26

　　我一直以为山坡露台所有建筑的外部装饰都是混凝土和白色系马赛克瓷砖。仔细观察才发现，C栋竟然是喷涂，而且是双色喷涂（图 2-26）。

　　在C栋 2.5 Y 7.0 /1.0 的底色上，散落着 10YR 4.0 /2.0 左右的稍浓的棕色（图 2-27）。

　　表面细微的凹凸和偏黄的浅灰背后若隐若现的棕色产生的阴影，营造出一种难以形容的自然感和深度。

图 2-27

考虑到周边环境的双色喷涂

沿着驹泽大道，在枪崎十字路口左转，再沿着旧山手大道直走到国道 246 号，就会在路边发现建筑师槇文彦设计的建筑，代官山山坡露台（Hillside Terrace）。

从远处看 C 栋，它的外观给人以凿刻混凝土的感觉。其实我之前就坚信不疑。但真正走近一看才发现，2 种颜色的斑点看起来又很像石料喷涂。喷涂在建筑外部装饰材料中算是比较廉价的，普通的住宅也会使用。那么为什么要采用这种双色喷涂呢？在调查中，我有以下发现：

"对设计影响最大的是北侧道路车流量的急剧增加。……我们必须保护住户免受噪声和废气的影响。"⊖

"原计划外墙采用混凝土＋富士涂层，但在二期建设时，A 栋和 B 栋都被改成了喷涂瓷砖。"⊜

我们可以由此推测出，当时人们担心混凝土表面可能会被汽车的废气所污染，所以决定不采用单色与淡色，而是略微降低了明度，并且选择了能够呈现自然阴影的双色喷涂。

山坡露台计划横跨 25 年，历时 6 期，造就了一个变化丰富的建筑群。"寻找每个时代的最优解"这个理念不仅为城市带来了适度的变化与繁荣，其从不随波逐流的特质也不断地吸引着人们。

⊖ 槇文彦＋山坡露台工作室编著的《山坡露台白皮书》（住居的图书馆出版社，1995 年）第 151 页。
⊜ 同上，第 155 页。

山坡露台 D 栋，涩谷区，东京，2019

图 2-28

　　山坡露台 D 栋（图 2-28）瓷砖的颜色约为 5Y 7.5/0.8，明度则约为 7.5，所以其实并没有想象中那么"白"，而是那种有点发黄的白色（图 2-29）。D 栋的外观之所以看起来很白，是因为接缝使用了很深的灰色，所以与瓷砖的颜色形成了鲜明的对比。瓷砖的颜色因为接缝的深色的衬托而显得更明亮，这是一种现象（色彩的同时对比）。

图 2-29

接缝凸显瓷砖的颜色

D栋在C栋的旁边，它属于第三期工程，于1977年竣工。根据《山坡露台白皮书》，原计划中三期工程（D栋、E栋）只有住宅区。但是一期、二期的店铺群完成之后，人们强烈要求在D栋、E栋中也设置店铺。像这样，山坡露台的每个计划都伴随着种种变更与调整，但我们始终可以从中看到"人和车流量的变化"以及"对未来的展望"等。关于D栋的外部装饰有以下资料：

"为了方便建筑的保养维护，我们尽可能选择了不容易锈蚀、不容易被污染、不容易脱落的材料。外部装饰采用了边长150mm、瓷器质地的正方形瓷砖，结构模块也被放大了一级，形成了一个大骨架。"⊖

我没有用过边长150mm的正方形瓷砖，也没有在现代外部装饰瓷砖的产品目录中找到其记载，再考虑到它那微妙的颜色，我想这种瓷砖应该是特别定制的产品。

当瓷砖尺寸较小的时候，增加与接缝的对比度会不可避免地突出网格，并削弱瓷砖的存在感。但这种边长150mm的正方形瓷砖不仅有作为面的存在感，而且深色的线条赋予了墙面更锐利的感受。

像这样观察颜色，解读规模、形态和素材以及色彩的契合度，对我来说是一件非常有趣的事。很多时候我们也可以从那些历史悠久的建筑中学到许多。

⊖ 槙文彦＋山坡露台工作室编著的《山坡露台白皮书》（住居的图书馆出版社，1995年）第162页。

提示
66
同润馆

同润馆，涩谷区，东京，2018

图 2-30

表参道 Hills 的一角是再现了同润会青山公寓的"同润馆"（图 2-30）。外部装饰基调色约为 2.5Y 7.5/1.8，这是一种稳重的米色（图 2-31）。因为比一般的混凝土稍亮，色度约在 2 以下，所以给人一种略微偏黄的感觉。

为了测色走近后，就能看见细小的骨料。骨料的大小与颜色多种多样，再现了一种叫水洗石的原创外部装饰处理手法。

图 2-31

第二章　色彩运用的基础知识和标准

不依靠单纯的颜色再现来实现再生

这栋楼忠实地再现了当时的外观。

"水洗石"是一种装饰手法，需要调整骨料的掺入量以及露出程度等，这些步骤的完成度完全取决于工匠的经验和技术。想让水洗石的表面呈现出单色的话，最难的一点是需要考虑使用各种骨料的哪一部分的颜色来进行搭配，我们甚至可以预测完成后的墙面在外观和手感上与原来的会有巨大差异。然而"同润馆"的目标不仅是再现颜色，还要再现当时的外观和氛围。

同润馆的另一个特征要素是外墙上的爬山虎。水洗石细微的凹凸质感有助于爬山虎的生长。据说这里的爬山虎不是设计这栋楼时种下的，而是原本就扎根于此。负责建筑设计的安藤忠雄在一次采访中对覆盖着爬山虎的外观做出了这样的回答。

"没有变化就无趣了。建筑是需要精心维护的。……精心建造出来的东西被人精心使用的话，在保持建筑美观的同时，也会不断发生好的变化。" ⊖

不管建造的手法是再生还是复原，我们需要记住一个前提，即建筑是变化的。即使建筑的颜色不变，只要周围环境中的其他要素变化，建筑的外观也可能会发生更好的改变，同润馆就是一个很好的例子。

⊖ 《FEATURE | 城市规划从热情开始 与安藤忠雄先生聊建筑 vol.1》（表参道 Hillswebsite，2017 年 8 月 22 日）（http://www.omotesandohills.com/feature/2017/002831.html）2019 年 6 月 1 日查看。

第二节 建筑、土木的颜色及其数值的标准

LOG，尾道市，广岛县，2018

图 2-32

　　LOG 是一座位于尾道市的综合设施，由印度的建筑师小组"孟买工作室"负责设计（图 2-32）。该建筑原为员工宿舍，后被全面翻修，设有酒店、咖啡厅、画廊和商店等。

　　LOG 里处处都是色彩，而且这些颜色还都具有非常丰富的质感，让人忍不住想去触摸。外部装饰涂饰处理使用了灰浆、土和颜料，所以我们可以预料这些色相会在未来发生改变。外部装饰的颜色是 7.5YR 6.5/3.0 和 10YR 8.5/1.0（图 2-33）。两个都是日本常见的"暖色系（YR 系）的中高明度、低彩度色"。

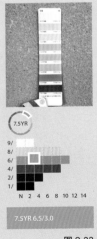

图 2-33

"创造出"颜色

外墙楼梯平台上可以看到"未被采用的颜色⊖"。我们可以尝试从中选择多个颜色放在环境中，仔细观察其外观的效果和给人的印象，以此缩小候选颜色的范围。

我们也会亲手制作用于调查和指定颜色的色票。在"调色"过程中，一边添加颜色（颜料）一边尝试做出想要的色相。有时候，只要再加一滴，之前一直没有观察到什么变化的颜色就会变得截然不同。另外，在潮湿的状态下鲜艳的颜色干燥后会变亮、变钝（色度下降）。对此，我们事务所采用的对策是一只手拿着吹风机，在纸上涂上颜色后立刻烘干，并且调试多个颜色。很多学生或设计师从未有过这种调色经历。不少来事务所打工的学生最开始不懂调色的原理，一天都未必能调出一个想要的颜色。但花时间反复验证就会有所"发现"。观察颜色及其给人的印象改变的瞬间，了解一种颜色中隐藏着的种种色相。当我们需要在大量样品中选出最终的涂饰颜色时，这样做或许可以帮助我们找到很难以用语言表达的决定依据和要素。

很多艺术家和专家都参与了 LOG 的设计，这种协作是"孟买工作室"的特征之一，多彩的涂饰与颜色将这种协作的成果表现得淋漓尽致。

⊖ 参照图 2-33。这些是最终没有被采用的候选颜色样品。

马车道站，横滨市，神奈川县，2011

图 2-34

　　马车道站是由建筑师内藤广设计的（图 2-34）。站内有各种颜色不均、韵味十足的砖瓦，还有继承自横滨银行的金库大门等，处处可以让人感受到人们在努力传承这片土地上的记忆。

　　不止沉甸甸的砖砌墙壁，随处可见的涂饰颜色也给人深刻的印象。这种颜色应该是比砖色略鲜艳的铁锈色。

　　这里的涂饰部分以 1YR 4.0/5.0 左右为基础，并以 5BG 4.0/2.0 的"斑点"作为点缀（图 2-35）。

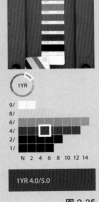

图 2-35

涂饰颜色让人感受到纵深

涂饰是适合均质平面的处理方法之一。但过于平坦反而会增加体积感，而且浅色会让轻微的污渍和划痕变得显眼。马车道站是一个充满活力的挑空空间。通过故意露出支撑着这个空间的构造物——柱子，不仅营造出了开放感，也给人以强烈的稳定感。如果对这里的柱子施以平面涂饰的话，与其他建材和空间的比例感相比，柱子给人的感觉就会有些单调并且没有安全感。与此相对的，细小的"斑点"使得涂饰有了厚度，并且使其存在感不逊色于厚重的砖块。这些都是不仔细观察就很难发现的微妙处理。

"它的内涵要经得起 10 到 20 年的考验。而作为城市设施，它的实际使用寿命必须要比原本计划的时间更长。"⊖

内藤先生对待时间的这种态度也是我一直以来的目标。如何解读未来的变化，如何选择素材、颜色包括其变化的幅度，都是让颜色外观能历久弥新的最重要因素。当然，这一点对于城市设施以外的建筑也同样适用。

在远处时很难发现的精心处理，对视觉有着吸引力的材料质感，对表面处理的不遗余力，我常常在不经意间感受到内藤先生的教导。

⊖ 内藤广"经得起时间流逝的城市车站"《新建筑》2004 年 1 月号，第 105 页。

MIKIMOTO 银座 2 丁目店，中央区，东京，2013　　　　　图 2-36

第二章　色彩运用的基础知识和标准

　　图 2-36 中的这座大楼是建筑家伊东丰雄的设计作品，它的表皮没有接缝，结构也非常特殊。20cm 厚的墙壁本身就是结构体，由之间填充了水泥的两张钢板组成。

　　墙面颜色约为 5RP 7.8/2.5（图 2-37）。金属色调的涂饰从正面看上去是粉红色的，但改变视角仰望，就会发现建筑的上半部分看起来偏白（色相变弱）。

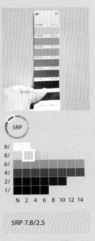

图 2-37

柔和的金属色

再走近仔细看，就会发现钢板上的涂饰带有汽车上常见的金属色泽。金属颗粒受到外部光线的照射而发光，并且从不同角度看起来的样子也不一样。大家可以想象一下珍珠的光泽。

钢板上的金属涂层以金属为基础，所以能自然而然地形成与基础材料的统一感（金属 × 金属涂层）。虽然平整墙面的外观很容易给人留下"巨大"体量感的印象，但这一点得到了很好的控制。

品牌是 MIKIMOTO，坐标是银座。浅淡的粉红色调应该是与光顾此处的客人以及银座大街上干练精致的女性形象相吻合。虽然金属和钢板本身常常给人以硬质、锐利的印象，但这栋楼却别出心裁，它好像在告诉我柔和的颜色也可以搭配在金属与钢板中（虽然要考虑形态和规模）。

很多小城市的人行天桥上也使用了这种柔和的粉色调。虽然我一直认为"金属与轻的颜色不搭"，但每次看到这些例子都会感叹，涂料的质感（比如光泽感）对色彩搭配也有很大影响啊。

虎屋京都店，京都市，2011

图 2-38

　　虎屋京都店的外部装饰使用了边长50mm、中央突起的正方形马赛克瓷砖。这种瓷砖虽然是瓷质，却让人感觉十分柔和（图 2-38）。我们借来了几块瓷砖，用光学测色计对其进行了测量。

　　该瓷砖的设计者内藤广在演讲会上说过，为了做到让瓷砖"像樱花花瓣一样让人感受到淡淡的色相"，他们反复进行了很多次的尝试。

　　测色的结果是 7.5YR 8.4/0.6 左右（图 2-39）。虽然远看是白色的，但仔细看会发现略带黄红色，而且色面并不均匀，带有釉特有的自然纤细的色斑，有一种难以言喻的韵味。

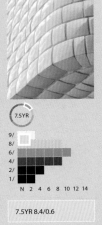

图 2-39

适合这个素材的颜色

如果把和这里的瓷砖一样明度约为 8.4 的白色放在色票或小颜色样品上看的话，很多人会说"这不怎么白啊"。这是一种很普遍的现象，主要原因是颜色的面积效应，还有颜色样本与周围的白底形成的对比。

有位建筑师曾说过："我不怎么敢用 N9.5 以外的白色"，这句话给我留下了深刻的印象。看着明度 8.4 左右的瓷砖在夏日阳光下闪耀的白光，可想而知明度 9.5 会有多白……经过上述验证，我深刻认识到不应该将明度 9.5 的白色作为建筑的外部装饰基调色。

我曾有幸在东京都国立近代美术馆听到孟买工作室 Bijoy Jain 先生的讲话："比起用何种素材，它完成时的效果更重要。希望大家去感受建筑真实的氛围，记住自己的感受。"这句话令我至今仍记忆犹新。建筑师的工作正是像 Jain 先生说的那样，彻底思考"当建筑建成并在当地长久伫立的时候，它会营造出怎样的氛围，并带来怎样的影响？"

我不认为那些只用 N9.5 白色的建筑师没有考虑到建筑对周围的影响。不过，虽然最明亮的白色的确可以带来某种抽象性，但在选择材料和颜色的时候，我们应该考虑到有些素材也许只需要明度 8 左右，看起来就足够白了。

虎屋工房，御殿场，神奈川县，2012

图 2-40

和虎屋京都店一样，虎屋工房也是建筑师内藤广先生设计的（图 2-40）。侧墙的涂饰钢板约为 5BG 3.5/1.0，回廊的柱子则是 N3.5 左右（图 2-41）。

外部装饰钢板的颜色应该是产品本来的颜色，而柱子则被涂上了指定的颜色，这两者之间有细微的差异，但这个差异很小。墙面光滑、面积大，且略带色调，能映衬周围的绿色。而柱子则以小间距连续排列，是无彩色的。这些构成了空间中的主次关系。

图 2-41

浅淡色调的衬托

屋顶和侧墙用的是涂饰钢板。这种古朴的颜色很好地融入了周围的绿意，于是我迫不及待地测了一下这个颜色，发现大概是 5BG 3.5/1.0。乍一看是灰色的，实则略带蓝绿色。明度和色度低的颜色能够静静地与大自然的绿色融为一体。我觉得这是因为明度3~4 左右的颜色与作为自然界基调色的土和树干等的颜色是同步的。另外，浅淡的色调仿佛能映射出周围的颜色来，给人一种稳定的亲切感。

在与其他素材组合时的融入方式上，即使是同样的低明度颜色，无彩色和带有浅淡色调的颜色也有决定性的不同。这一点是我们在观察单色时不会意识到的。这就好比法国菜和日本菜的一种制作方法，将葡萄酒或日本酒作为调料将整个菜品连接、统一起来。我觉得颜色融入周围的方法也很类似。

有人说"融入就会被埋没"，我觉得我们可以不从"埋没"这个消极的角度，而是从"更好地融入"这个积极的角度去思考。如果用做菜来举例的话，应该类似于"用什么做汤汁""如何处理才能去除腥味"的感觉。虎屋工房的钢板是构成外观的主要材料，为了突出这个材料的质感与周围的景色，所以加入了淡淡的色相。我认为这种说法是成立的。

提示
72

丹布拉坎达拉马遗产酒店

丹布拉坎达拉马遗产酒店，斯里兰卡，2015

图 2-42

　　室内的地板几乎都是黑色的。有光泽的混凝土倒映着柱子和树影，树叶在飞舞。清晨，鸟鸣与猴叫声伴着走廊里扫帚与地面摩擦的声响，让人感觉十分舒适。在日本，人们通过增强开口部的气密性来抵御风雨，提升室内的舒适度。不过在斯里兰卡，总有地方是开放的，风与各种各样的生物在建筑内往来（图 2-42）。

　　风的舒爽自不必说，除此之外，与外界相连的环境还唤醒了人们除视觉以外的其他感觉。比如，在树叶的沙沙声和动物的鸣声中醒来，打开门就能闻到泥土的味道，深呼吸片刻还可以闻到花香。

图 2-43

非单色的魅力

这是斯里兰卡的建筑师杰弗里·巴瓦（Geoffrey Bawa）设计的众多酒店中唯一一个在内陆建成的。因为充分利用了原有的地形，所以被誉为"与森林融为一体的酒店"。

走廊全部是开放的，以深灰为基调，施以偏黄的绿色、白色、土黄色……在灵活运用了明暗对比的同时，还非常细致地区分了各种颜色。巴瓦设计的其他一些酒店也用了多种颜色，这种"非单色"的状态与自然的多样性相仿，让人心神宁静。同时，不同表面上略显粗糙的颜色区分也让人感到疏朗大方。另外，这些颜色的选择并不是随机的，比如，柱子全都是深灰，我们可以感受到这是建筑师为了削弱柱子的存在感而选择的颜色（→提示17）。

外部装饰使用的颜色之一是 5GY 4.0/1.5 左右的一种偏黄的绿色（图 2-43）。色度约为 1.0~1.5，这在颜色样品上看起来是浑浊的灰色调，所以单独看时会觉得土气。浑浊的颜色容易让人觉得"脏"，不过偏黄的绿色却很接近一年中变化不大的常绿树的色相。隔着一段距离看树的时候，因为叶子的重叠和阴影，绿色的明度和彩度都会下降，再离得远一些的话，因为空气中的水蒸气和尘埃等物质，绿色会略显朦胧，因此明度会稍微上升，这是一种颜色外观的特性。

想要融入小单位组合而成的绿色的时候，比起分毫不差地模仿叶子的颜色（例如新绿等绿色的彩度约为 4~6），将明度、色度调低一点会显得更为自然。

涩谷 STREAM，涩谷区，东京，2018

图 2-44

在涩谷 STREAM 的空间中，约为
10Y 8.0/10.0 的鲜艳黄色十分引人注目
（图 2-44、图 2-45）。这个彩色的自动扶
梯是涩谷站及其周边开发项目中叫作"城
市核心"的纵向活动路线空间之一，连接
着涩谷站的地下与地面空间，是一个为步
行者设计的三维活动路线。

从"城市核心"被投入使用开始，我
就一直对它的颜色很感兴趣。倾斜着贯穿
垂直空间的鲜艳颜色加上人的活动，让人
感到这里充满活力。

明亮鲜艳的颜色与周围的玻璃等高反
射性素材互相呼应。有些瞬间，这些无机
素材好像也被隐约印染上了黄色。

图 2-45

成为新都市象征的颜色

涩谷站及其周边正在进行大规模的城市再开发。到 2027 年涩谷 Scramble Square 第 II 期（中央楼·西栋）开业为止，还有 8 个项目正在进行中。

查看车站周边地区的设计图，我们会发现有 5 个综合设施包围着车站，每一个设施的外表皮都以玻璃或金属板为主。

建筑群通常作为远景或者中景出现，以玻璃或高明度颜色为基调，与这些设计图给人的感觉类似。不过每一个单体建筑的设计都能展现出建筑师的个性，而建筑师们努力让这种区别能够在近景中给人留下深刻的印象。我认为涩谷 STREAM 作为重建地区里刚刚投入使用的建筑，为一直以来没有什么特色的步行空间带来了新的气息。涩谷虽然已经有了"全向十字路口""八公"等几个标志，但我觉得涩谷 STREAM 的黄色可以让这个"自动扶梯"成为该地区新的标志。

颜色从来都与形状、素材密不可分，而涩谷 stream 的黄色本身就将"城市核心"的纵向空间抽象化了，使得人们会最先注意到它的颜色，而不是形状特征或者含义。这个自动扶梯的体量从功能来讲是空间中的背景要素，同时也是一种图案要素。

1）厩桥 2）藏前桥 3）吾妻桥 4）驹形桥
（均为台东区、墨田区）

图 2-46

隅田川上有 18 座道路用桥梁，这个桥梁群在关东大地震后的重建中发挥了重要的作用。当时的设计者是以世界上历史悠久的桥梁为参考进行设计的。2014 年，我对从白髭桥到胜哄桥的 14 座进行了测色（→提示 40）。1983 年，作为整顿项目的一部分，粉刷"7 色桥"的工程开始，自此关于桥梁群的颜色的一些基本想法开始确立。桥的每个颜色都有其由来。但因为鲜艳色彩给人的印象过于强烈，有些看起来与周围的景色和街道有些割裂（图 2-46、图 2-47）。

7.5GY 5.5/4.0	
厩桥	
2.5Y 7.5/12.0	
藏前桥	
5R 4.0/12.0	
吾妻桥	
10B 5.0/6.0	
驹形桥	

图 2-47

⊖ 2014~2015 年期间，东京都建设局实施了对隅田川上的 5 座著名桥梁的色彩设计。每一座桥计划涂饰的颜色详细信息被发布在日本色彩研究所的网站上。https://www.jcri.jp/JCRI/hiroba/COLOR/buhou/164/164-2.htm

通过协调来强调

吾妻桥是隅田川桥梁群中的一座桥。当人们因该桥翻新在即而讨论它的涂装颜色时，却发现该桥当时的朱红色超过了台东区、墨田区景观设计中的色彩标准数值，而这个标准是在该桥上次涂饰之后制定的。

是否应该将这些标准应用于这个颜色呢？关于这个问题，在向两区的景观审议会咨询之后，2014年2月举办了一个有许多专家、政府人员和市民参加的论坛。论坛一开始介绍了吾妻桥的一些信息，比如建设之初的颜色是蓝绿色等。之后提出了方案，例如继续使用红色但降低色度，还进行了问卷调查。当时有参与者提出这样的意见："周围的风景已经改变了，所以我们不应该只是简单地恢复当初的颜色"。以这次讨论为契机，我对桥梁群进行了测色，这让我第一次意识到这些桥梁之间是相互关联的。经过重新审视，我们发现，每一座桥梁都有各自的特征，从不同的桥上看到的风景也各不相同，如"桥梁群"这个词所示，正因为意识到桥梁间的比较与相互之间的差异，每座桥的定位和特性才更为清晰。

这种情况下，我们当然可以让不同规模、形状的桥梁的颜色统一起来，但我觉得更好的做法是"协调"。分析每座桥与周围环境的关系，选择让更多人感觉亲近的颜色，让每座桥发挥自己的魅力，相互衬托。

经过专家的讨论和验证，整体是 5R 4.0/12.0 的吾妻桥的栏杆部分被调整为更为稳重的 10R 2.0/5.0，拱桥、主梁则被调整为 7.5R 2.5/9.0。

东京京门大桥

东京京门大桥，江东区，东京，2019

图 2-48

　　东京京门大桥是一座 2012 年开通，全长 2618m 的长桥（图 2-48）。主桥梁部分采用"钢制 3 径间连续桁架复合构造"结构。大桥的外观很有特色，像是两头怪兽对峙，因此又被称为"怪兽桥"。仰望桁架，会发现接合部分非常干净利落。与以前测色过的隅田川胜哄桥和永代桥的钢拱相比，看不到细小的部件，焊接的痕迹也不明显。据说这是采用了不需要螺栓的"紧凑格点结构"。

　　桁架部分约为 2.5PB 8.0/2.0。用色票能很清楚地感受到其色相，是淡而明亮的蓝色（图 2-49）。

2.5PB 8.0/2.0

图 2-49

融入天空、映出灯光的高明度颜色

桥东侧是江东区立若洲公园，有很多人来钓鱼或露营，十分热闹。海边设有升降塔和观景台，可以很方便地由此到达桥上的人行道。在桥上，周围的风景一览无余，可以从人行道上全景式地欣赏台场以及东云等东京或千叶沿岸的景色。

与桁架颜色相关的因素除了扶手（N5 左右）和路面以外，就是占了大部分面积的"天空"。单独看明度 8、色度 2 左右的冷色系色调的话，会觉得色调很明显，而放在暖色系居多的住宅区里，又会因为色相对比强烈而显得难以融入周围环境。

这种冷色系色调用在这座桥上的话，因为背景一般是天空的"蓝色系"〔虽然不是固定物体（→提示 34）〕，所以与住宅区或山区的冷色系高明度颜色给我留下的印象大不相同。远看给人的印象是灰色调（暗淡）的蓝，但近看就会发现其实是非常明亮的"粉彩蓝"。而且，一边走一边时不时回头看的话，还会发现，因为光照射到桁架的不同表面上的不同角度，形成的浓淡也不同。只有巨大的构造物才能赋予我们这种颜色外观随着距离变化而呈现出多样性的体验和享受。

东京京门大桥夜间的灯光也非常有名，每个月都会有以日本传统颜色、词组为题的主色调。高明度的底色可以很好地反射灯光，突出照明的效果。

图 2-50

三角港的雨棚，宇城市，熊本县，2018

图 2-51

　　就像很多港口城市一样，三角港的粉彩外部装饰随处可见。

　　现存的圆锥形展望台明度约为9.5，比雨棚的色调更为明亮。

　　在参观现场的时候，我能够清楚地感受到，这些颜色一定是设计师根据自己在这个环境中的所见所感选出来的。

1.5PB

9/								
8/								
6/								
4/								
2/								
1/								

N　2　4　6　8　10　12　14

1.5PB 6.0/1.8

图 2-52

图 2-53

融入景色的冷色系

三角港的雨棚在 Ney&Partners Japan、Laurent Ney 和渡边竜一设计的站前广场上（图2-50、图2-51）。广场前有椰子树，提醒人们来到了温暖的地区。雨棚呈现平缓的弧线，引导人们走向前方的停船场（图2-52）。据说这是用九州的造船技术制作的。柱子的颜色约为 1.5PB 6.0/1.8，是比想象中色度更高的冷色系，看起来比实际的数值要灰得多（图2-53）。这应该是因为海边的湿度和温暖地区特有的气候影响。从远处看时，空气中的灰尘和杂质会使光扩散开，因而显得更为朦胧，就像戴上了面纱一样，让颜色看起来更暗淡、更柔和。另外，周围的很多建筑是蓝、绿、黄这种色彩丰富的颜色（车站是奶油色）。因为与这样的建筑群形成了协调关系，有色调的冷色系才显得并不突兀，很自然地融入其中。

从整体看，这是一个很大的构造物，但柱子却比我想象得要细很多。通过让柱子向内侧偏离，雨棚的弧形结构得以成立。而雨棚的面板本身就是主梁，也就是说，结构元件本身也是顶棚。

轻盈的白色棚顶和支撑着它的蓝灰色柱子。淡淡的蓝紫色调让人想起略带阴霾的天空和清晨的大海。虽然形态都是人工的，由硬质的素材构成，但有机的形状和色调，让它毫无违和感地融入了周围环境。

出岛大门桥

图 2-54

出岛大门桥，长崎市，长崎县，2019

图 2-55

曾经听设计者说"出岛大门桥看起来就像消失了一样"，我一直很期待去拜访。

确实隔着一段距离看过去，你会诧异，桥去哪儿了？

走近了看，就会发现桥的的确确就在那里，而且它就像在流动，独具特色（图 2-54、图 2-55）。

如前文所述，能够融入周围环境的颜色是明度 2.5 左右的"被当作不曾存在"的颜色（→提示 17）。而出岛大门桥的明度低却并不会让人觉得沉重，原因之一是没有横杠的扶手让人毫无压迫感，还有横梁上设有开口，可以透过它看到周围的景色。

图 2-56

融入周围的低明度颜色

和上文的雨棚一样，这个步行桥也是由 Ney & Partners Japan、Laurent Ney 和渡边竜一设计的。

长崎出岛正在推进复原和整顿的百年规划，计划将于 2050 年完成。目前，与陆地毗连的出岛周围被运河包围了起来，和锁国时代一样的扇形岛屿的复原正在进行中。在计划中，这座大门桥的主旨是"不是单纯的复原，而是要架上现代之桥"。

桥梁流畅的曲线很有特色。在近处就会发现，重心在前端（江户町侧）的底部。这是因为出岛一侧的护岸是国家指定的历史遗迹，为了不给它增加负担，选择让江户町这边来支撑全部的重量而采用的特殊结构。

从方案中标和设计阶段开始，我就好几次听说了关于这座桥的事。但直到 2019 年 1 月初，才有机会亲临实地。渡边先生说："主角归根结底是出岛，所以我凸显历史景观"，考虑到出岛建筑的波形瓦独有的质感和色调，他选择了低明度颜色，的确与周围屋顶上瓦的颜色很接近。不过和颜色样本的 N 系作对比，就会发现其实它有轻微的色相，并非完全的无彩色。

因为涂饰材料中加入了金属粉，所以很难对其进行测色，不过我估计应该是 5G 2.5/0.3（或者偏蓝的 5BG 2.5/0.3）左右（图 2-56）。

伏见稻荷大社

伏见稻荷大社，京都市，2018

图 2-57

用途、形态、设计和颜色必须配套使用的例子并不多，其中之一应该就是社寺佛阁的颜色吧。伏见稻荷大社的"千本鸟居"的颜色约为 2.5YR 5.0/10.0，是相当偏黄的红，意料之外的朱红色（图 2-57、图 2-58）。

很多鸟居或拱桥的材料变成了钢材或 RC，但这种色调却被继承了下来。

正因为如此，人们才会广泛、长久地知晓这个颜色具有的意义，并将其作为地域和空间的象征守护起来吧。

图 2-58

承载着各种愿望的颜色

据说红色的语源是"明亮"。自古以来，照亮黑暗的火焰和朝霞的鲜艳的红色就是安心与安全的象征，和我们的生活密切相关。作为辟邪或祈愿的象征，以鸟居为首，达摩、护身符都大量使用这种鲜艳的红色。

日常生活中，尤其是在城市，我们很少有被一种颜色完全包围的体验，而京都伏见稻荷大社千本鸟居的独特环境却难得地能够让人们体验到沐浴着鲜艳色彩的感觉。

绿色在鸟居的缝隙里若隐若现，这种颜色的对比更加凸显了朱红的颜色。因为人们的供奉，鸟居现在仍然在不断增加着，承载着不同时代的人们的种种愿望。

伏见稻荷大社的朱红正如其外观所示，是黄红色系。根据大社网页上的介绍，"朱红色被视为可以对抗魔力的颜色，经常用于古代宫殿、神社佛阁。就本神社而言，我们将其解释为"代表稻荷大神丰饶力量的颜色"⊖。

走过灯火通明的鸟居时，我偶尔会感受到神社和庙宇特有的神圣感和神秘感，并因此产生轻微的恐惧，但读了上述解说之后，我却不可思议地感受到了自然的丰饶。

有时候，知道了某个颜色的含义之后，最初的印象就会被颠覆，并生出不同的印象与亲切感。

⊖ "常见问题"（伏见稻荷大社网站）< http://inari.jp/about/faq/>2019年6月1日查看。

白色与城镇

2011 年夏天，我曾有幸和建筑师进行主题为"关于白色"的对话。我曾对很多人见过的建筑和构筑物进行测色，并独立思考这些颜色带来的效果和它们与周围的关系，并在那时的半年以前，开始向外界表达自己的这些想法。

通过上述对话、实地参观建筑以及阅读文献等，我加深了自己对于"为什么很多建筑师这么重视和追求白色？"这个疑问的理解，但时至今日仍然有很多时候满怀疑问。在长期与颜色打交道的工作过程中，能让我感受到白色外部装饰的魅力（也就是"适合所处环境"）的情况并不多。虽然依然不能理解很多建筑师将白色作为"一种抽象化的方法"，但我似乎开始逐渐能够接受以当地的气候风土和历史文化为背景，能让人感受到墙壁体量感与躯体厚度的白色了（图 2-59）。

斯里兰卡，2015 图 2-59

对于营造色彩的协调感来说，了解素材的色彩特性非常重要。第三节记载了建筑和土木设计中常用的建材与素材的颜色及其特性。

这些只是大体的基准，数值也只是参考值。但如果你想组合建材和材料、建材和涂饰颜色等多个要素的话，可以在讨论和验证的时候做一些参考。

第三节

素材的颜色及其数值的标准

南洋堂书店，千代田区，东京，2012

图 2-60

混凝土的颜色

- 竣工时的普通混凝土
  …5Y 6.5 ~ 7.0 / 0.3 ~ 0.5
- 南洋堂书店（竣工 32 年后）
  …5Y 5.3 / 1.0

5Y 7.0/0.3	
5Y 7.0/0.5	
5Y 6.5/0.3	
混凝土（竣工时）	
5Y 6.5/0.5	
木材会馆（竣工3年后）	
5Y 5.3/1.0	
南洋堂书店（竣工32年后）	

图 2-62

图 2-61

熟悉的材料的颜色

以一次关于混凝土颜色的调查为契机，我开始对建筑和构造物进行测色。

虽然所有人都至少见过一次混凝土，而且建筑和土木工程的设计者十分熟悉这种材料，但大家常用"混凝土色"或"亮灰色"来表示它的颜色，却从未准确地掌握过这种颜色。也就是说，虽然大家都很熟悉这种颜色，但它却并未成为可供参考的基准。

掌握这种常用材料的颜色的色相、明度、色度可以帮助我们把握对比度和组合颜色（或契合度高的颜色）的程度。

混凝土略带黄色调，用色相表示的话就是 Y 系。刚竣工的混凝土的明度约为 6.5~7.0，色度约以 0.3~0.5 为中心，乍一看像是没有色相的灰色，实则并不是完全的无彩色。

我总是一找到机会就试着测一测这些颜色。在这样往复的过程中，我发现随着时间的推移，混凝土的明度会降低，色度则略有上升。

到目前为止，我测过的最低亮度是位于东京神保町的南洋堂书店的外部装饰，约为 5Y 5.3/1.0。它于 1980 年竣工，到测色时已有约 32 年（图 2-60~ 图 2-62）。

静冈市，静冈县，2018

图 2-63

图 2-64

5Y 6.5/0.5

灰色

10YR 6.0/1.0

米灰色

10YR 2.0/1.0

深棕色

10YR 3.0/0.5

深灰色

图 2-65

冈崎市，爱知县，2018

注：图 2-65 是"景观友好型道路设施等的指南"的 4 种推荐颜色。

Y 系灰色的纵深感

　　天然石材的色相多种多样，既有暖色系也有冷色系，不过寺院的路面和园林石材中最常见的还是 Y 系灰色。Y 系灰色也是前文中混凝土的色调（图 2-63、图 2-64）。

　　天然石材这种略带黄色的灰色不仅适用于城市空间，还可以用于自然景观中的混凝土防护墙和路面。2006 年国土交通省制定的"景观友好型防护栏等的整顿指南"于 2017 年被修订为"景观友好型道路设施等的指南"，推荐的颜色增加了"灰（5Y 6.5/0.5）"

　　之前不管在什么地区，为了"景观友好"都推荐选用 10YR 系的米灰、深棕、深灰。但土木工程和景观设计的专家们对此提出了各种各样的见解，比如深棕或深灰等低明度颜色不适合水边，以及中等明度的米灰虽然色度为 1.0，但与一些物体的规模或形态的稳重感不契合，因此会显得"不稳重、马马虎虎"。在 2017 年的修订中，强调了包括灰在内的 4 种推荐颜色只是建议而非绝对。

　　指南和手册不是万能的，而且随着时间的流逝，周围环境和评价也会改变。想让目标物体融入周围的时候，轻微的色相改变会对周围的景色产生怎样的影响？本来每个颜色都需要被验证，但或许我们只要认识"天然石材主要是 Y 系灰色"这一点以及这种颜色的范围就可以对其进行长期和广泛的应用。

提示 81 砖

1）2）横滨红砖仓库，横滨市，神奈川县，2008
3）富冈纺纱厂，富冈市，群马县

图 2-66

各种砖的颜色

- 横滨红砖仓库
  …2.5YR 4.0 / 5.0
- 东京站
  …10R 3.0 / 5.0
- 富冈纺纱厂
  …5YR 5.0 / 4.0 ~ 5.0
- 马车道站
  …7.5R 3.0 ~ 4.5 / 3.0 ~ 4.0，
  　5 ~ 7.5YR 5.5 / 4.0 ~ 4.5

2.5YR 4.0/5.0	横滨红砖仓库
10R 3.0/5.0	东京站
5YR 5.0/4.5	富冈纺纱厂
7.5R 3.7/3.5	
6.3YR 5.5/4.3	马车道站

图 2-67

第二章　色彩运用的基础知识和标准

186

能让人感受时间流逝的材料

人们常常觉得"砖＝红色"，比如东京站和横滨仓库群的爱称就是"红砖"。历史建筑中常见的砖是一种非常宝贵的资源，是一种能反映建造时的设计技术和思想的活化石（图 2-66）。

用比色法测色就会发现，很多砖是 YR 系的红色系，接近偏黄的朱色。在图 2-67 中，我将自己测过的砖的颜色罗列了出来。

我们可以通过混合黏土和骨料来改变砖的物理性质，可以使用各种模具来塑造多种多样的形状和质地，还可以通过控制烧制温度来产生精美的色调。因此可以说，砖是一种自由度很高的材料。不过，砖也有一个特性，就是无法在出窑之前掌握成品的状况，因此难以保证稳定的精度。

此外，砖很容易随着时间的推移产生变化，不过近年来，颜色不均的砖似乎常被用于铺装道路，特别是在景观领域。这或许是因为接近大地色的砖与自然中的树木花草等十分契合，而且会随着风化和植物的生长而逐渐与自然景观融为一体吧。

砖也可以成为追寻时间脉络和历史的线索。例如，富冈纺纱厂的砖看起来比一般的砖颜色更"淡"。实际上它的明度比一般的砖高出 1 左右，色相也很偏黄。据说这是因为当时战争期间燃料供应有限，无法保证足够的烧制温度，砖是在低温下烧制而成的，所以颜色较为柔和。

木材会馆，江东区，东京，2010

图 2-68

10YR 6.0/2.5	
10YR 5.5/2.0	
10YR 6.0/3.0	
7.5YR 5.0/3.0	
7.5YR 5.0/4.0	

木材会馆（竣工3年后）

图 2-69

木材会馆，2012

成熟的颜色

图 2-68 是位于东京新木场的木材会馆，在前文
"35 树木颜色的变化"中介绍过。仔细观察其外观
的变化，就会发现木材颜色的各种变化，可以想象哪
里被阳光照射，哪里经受了风雨……

在被制成木材之前，树干的颜色在自然景观中
属于"不动的颜色"。就像地上的砂、土、石一样，
树干在四季中的颜色变化要比花草少很多，而且占据
了地面上的大片面积，可以说是自然界的基调色。

木材的颜色也属于很少变化的"底色"。不过
既然是自然素材，就会发生变化。刚制成的木材的颜
色出乎意料的鲜艳。我测了一下木材会馆中颜色格外
鲜艳的部分，约为 7.5YR 5.0/4.0。而看起来较为沉稳
的部分则是 10YR 6.0/3.0。虽然 2012 年测色的时候，
竣工才刚刚 3 年，但通过比较不同位置的数值，我们
可以发现，随着时间的流逝，色相中的红色逐渐褪去，
木材渐渐干燥，明度上升，色度下降（图 2-69）。

木材被加工的时候还是活着的，所以会继续它
作为自然造物的变化，逐渐成熟。拥有永恒不变的颜
色是一种与自然对抗的行为。而生命不断变化，总有
一天会逝去，则会让人感受到时间的宝贵。有时我会
想，或许正因如此，我们才会珍惜生命中的时间吧。

东福寺，东山区，京都市，2012　　　　　　　　　　图 2-70

日本的各种瓦的颜色

- 10YR ~ 5Y, N 5.0 ~ 6.5 ／ 0.0 ~ 0.5
- 5Y ~ 7.5Y, N 3.5 ~ 5.0 ／ 0.0 ~ 1.0
- 2.5YR ~ 5YR 3.0 ~ 4.0 ／ 3.0 ~ 4.0

N6.5
N5.0
10YR 5.0/0.5
7.5Y 3.5/1.0
2.5YR 3.0/3.0
5YR 4.0/4.0

日本的瓦

图 2-71

奈义町，冈山市，2018

即使材料和形状改变，也会继承原先的颜色

以日本的传统建筑为首，现在的一些住宅仍然在使用瓦。其中有用土烧制成的熏瓦、琉璃瓦和波形瓦等，每一种瓦的色调的明度和色度都偏低（图2-70、图2-71）。

回顾包括瓦在内的陶瓷器的整段历史，我们会发现陶土都遵循因地制宜的法则从当地采集，所以自然而然地反映了当地的"大地颜色"。例如，石州瓦的特色——红褐色的釉来源于在岛根县出云地区开采的来待石中所含的铁，而这种特有的瓦的颜色构成了当地屋顶的景观。

各个厂家都会为生产的钢板设定几种到十几种标准颜色。我们可以猜测这些色调应该继承自传统材料（瓦）的颜色。而且，虽然色相有一定范围，但都以低明度、低色度的颜色为中心。

即使建材的原料和制造方法改变了，"物体的颜色"也不那么容易脱离"原本的颜色"。例如，很多钢板的系列产品中都有BG系的比较鲜艳的颜色，这很明显地继承自蓝绿色的铜。人们在选择这个颜色时充分考虑到了维修和翻修。

不过为什么屋顶颜色的明度很低呢？除了原料以外似乎还有几个其他原因，其中最有说服力的是因为屋顶受到阳光直射，所以如果采用明亮颜色的话，反射光会让周围的人感觉刺眼。

东云运河之庭，江东区，东京，2009

图 2-72

各种玻璃的颜色[⊖]

	10G 7.0/1.2
	透明

- 透明
  …5G ～ 5B 6.0 ～ 8.0 / 0.5 ～ 2.0

	7.5B 6.5/2.5
	蓝色系

- 蓝色系
  …5BG ～ 10PB 5.0 ～ 8.0 / 1.0 ～ 4.0

	7.5G 6.5/2.5
	绿色系

- 绿色系
  …10GY ～ 5BG 5.0 ～ 8.0 / 1.0 ～ 4.0

	N6.0
	灰色系

- 灰色系
  …5G ～ 5B, N 4.0 ～ 8.0 / 0.0 ～ 2.0

图 2-73

⊖ "东京景观色彩指南"（东京，2018 年）。

"感知"颜色的材料

玻璃虽然是物质，却具有透过性，所以不能把它当作和其他材料一样的"物体的颜色"来处理。根据戴维·卡茨对颜色的现象学分类（→提示 34），玻璃属于空间色，空间色的定义是一定的体积中看起来充满了某种颜色。20 世纪 60 年代以后，随着玻璃的性能和强度的不断提高，整个外墙都被玻璃覆盖的建筑开始出现。可以说人们虽然能感受到这些建筑的外观颜色，可是它们很多其实并没有颜色。

但有些玻璃本身是有颜色的。其多样的渐变颜色配合背景的颜色，营造出了各种效果。

在调查的时候，我们把有特色的玻璃颜色当作"外观颜色"对其进行了测色以供参考（图 2-72）。2017 年，东京景观色彩指南增加了灵活运用篇。在该指南的"关于色彩标准的运用"里记载了主要建筑材料的孟塞尔参考值，其中玻璃颜色的参考值如图2-73 所示。

即使是透明的玻璃，很多时候也会因为材料本身的隐约色相和周边环境的映衬等而让人感觉带有蓝色或绿色。而反射、观察角度和天气变化都会对玻璃的模样产生巨大的影响，所以同一个产品的色相、明度、色度也是有一定范围的。玻璃是一种能让人"感知"颜色的材料，所以只要不是被刻意施以高色度颜色的产品，就没必要过于精密地纠结于数值，只要考虑玻璃的性能和功能，考虑它与组合里的其他建材是否契合，选择适合目标物体的产品就好了。

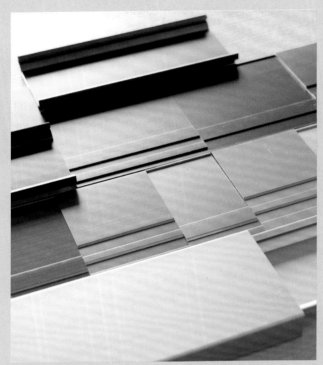

色彩样品，2019

图 2-74

各种玻璃的颜色[⊖]

	5Y 8.0/0.3
	银色

- 银色

　…10YR ~ 10Y, N 7.5 ~ 8.5 / 0.0 ~ 0.5

	2.5Y 7.3/0.8
	不锈钢色

- 不锈钢色

　…10YR ~ 5Y 6.5 ~ 8.0 / 0.5 ~ 1.5

	5YR 5.0/3.0
	青铜色

- 青铜色

　…10R ~ 10YR 4.0 ~ 6.0 / 2.0 ~ 4.0

	5YR 4.0/2.0
	棕色

- 棕色

　…10R ~ 10YR 3.0 ~ 5.0 / 1.0 ~ 3.0

	N1.2
	黑色

- 黑色

　…N 1.0 ~ 2.5

图 2-75

――――――――
⊖ "东京景观色彩指南"（东京，2018 年）。

感知隐约的色相

　　铝窗框是一种在住宅、办公室和商业设施中极其常见的建材（图 2-74）。其色彩名称大致可以分为图 2-75 中的 5 种，每一种的颜色可能会因厂商的不同而略有差异。虽然也有一些产品的名称是自创的，比如"亮灰色"，但其实这也只不过是略偏"不锈钢颜色"的"银色"。人们在选择颜色的时候一般会考虑用某个色彩名称的体系。

　　参考数值如图 2-75 所示。我们需要知道每个颜色都有一定范围，并在此基础上确认与其他建材的契合度，这一点很重要。

　　铝材比较轻，且易于加工，所以从 1930 年左右开始，铝窗框便迅速普及开来。近年来，为了能隔热，人们也在开发树脂窗框。可以预料到颜色的自由度会因此而进一步提高。目前白色的住宅所用树脂窗框已经商品化了，人们可以很方便地改变它的内外颜色，这也是树脂窗框的特征之一。

　　我们曾参与过许多翻新工程，很多时候，现有的窗框颜色会限定外部装饰颜色的选择范围。比如最好不要用高色度暖色系搭配银色窗框，因为这样一般会凸显窗框的金属质地，产生违和感。即使建材颜色的色度极低，也有可能因为与其组合的其他材料和颜色而变得显眼。

提示 *86*

P V C 管

色彩样品，2019 图 2-76

一般的 PVC 管颜色

- 白色
  …2.5Y 8.5 / 0.5
- 银色
  …5Y 7.0 / 1.5
- 淡黄色
  …2.5Y 7.5 / 2.0
- 巧克力色
  …7.5YR 5.0 / 2.0

2.5Y 8.5/0.5	
白色	
5Y 7.0/1.5	
银色	
2.5Y 7.5/2.0	
淡黄色	
7.5YR 5.0/2.0	
巧克力色	

图 2-77

第二章 色彩运用的基础知识和标准

设备颜色和背景颜色的关系

　　建筑设计时会尽量避免各种设施暴露在外，但总是有例外，比如改修。从色彩设计的初期开始，我们就要考虑着这些被限定了颜色的设备的位置来进行材料和颜色的选择。图 2-77 是常用的 PVC 管（图 2-76）测色数值。

　　虽然我们没办法选择与背景颜色完全相同的颜色，但可以让它"尽量不显眼"。考虑到作为背景的墙面颜色，我们可以为颜色的选择设定以下标准：

- 比背景色（外墙）明度低。
- 比背景色（外墙）色度低。
- 满足上述情况时，色相更接近。

　　尽管如此，想要用仅仅 4 种颜色来对应各种建筑的外部装饰颜色还是很难做到的。因为设备的颜色限制而不得不让外部装饰颜色来配合它，这让我觉得很可惜。就算因为方便管理而只能生产 4 种颜色，我也觉得应该可以换成另外 4 种更好用的颜色。

防水、密封涂料薄膜

色彩样品，2019

图 2-78

各种密封条的颜色

- 浅灰色系
  …2Y ～ 7Y 6.5 ～ 8.0 / 0.1 ～ 1.7
- 灰色系
  …8.5B ～ 10B 5.5 ～ 6.7 / 0.2 ～ 0.9
- 深灰色系、黑色
  …1.5Y 3.5 / 0.6,10B 3.1 / 0.2,10B 2.0 / 0.4

4.5Y 7.3/0.8

浅灰色系

9.3B 6.1/0.6

灰色系

1.5Y 3.5/0.6

10B 3.1/0.2

10B 2.0/0.4

深灰色系、黑色

图 2-79

诀窍是选择明度、色度更低的颜色

防水相关的材料一般没必要太显眼，所以防水材料颜色的色度比其他设施都要低（图 2-78）。很多时候，对于密封条来说，被认为是"万能的灰色系再辅以不一样的深浅就足够了"（图 2-79）。

因为紫外线和风雨的影响，防水材料会逐渐老化，所以必须定期对其进行维修。

当然，很多建筑师并不依靠这样的化合物来为建筑防水（挡雨还有其他很多巧思和设计）。不过，因为在战后经济奇迹时期需要在短时间内大量供应团地和大规模办公楼，这些可以短期施工的材料才应运而生，而在这些建筑今后定期实施的维修和改装过程中，我们恐怕还是要继续讨论以及选择这些材料的颜色。

上文我提到了"被认为是"万能的灰色系。不过有一点需要注意，就是把无彩色的灰色和暖色系的外部装饰材料组合起来时，因为颜色的对比效果，很多时候蓝色会变得更明显，给人一种人造和无机的印象，并产生一些违和感。近年来，为了与铝制窗框搭配，密封条似乎新增了"不锈钢色"等颜色。但因为金属制品的质地会发生改变，所以把铝制窗框和密封条放置在一起时，密封条的颜色仍然会不可避免地变得显眼。

这样就陷入了难以抉择的境地。不过经过长期反复的选择，我认为可以像前文中的 PVC 管一样，选择"比组合部件明度、色度更低"的颜色。

第三章

色彩设计实践

最后，我们尝试将参与过的色彩设计及其实践过程用语言和图解描述出来。为了能够分析和整理所有的条件并将它们与色彩的选择联系起来，以及与非相关人士或专家的众多人分享这些想法，我们做了许多努力和实践。

当然这些关于色彩设计的想法并不是绝对的，但对于不知该如何下手的人来说，可以先参考一下这个过程。

第一节

色彩设计的思考

蓝色与城镇

研究，2010

图 3-1

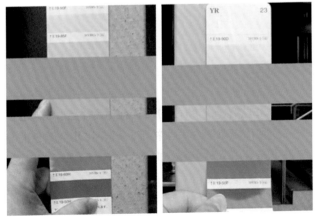

研究，2010

图 3-2

比较不同颜色，仔细观察

我常常把日涂工的色彩样品册（→提示1）当作"颜色的尺度"来使用，在这本书里，不同色域间低色度的间隔为0.5刻度，并且在每两年1次的修订中，低色度颜色在不断地增加。虽然这些颜色的数量对于大范围的详细调查来说或许会略显不足，但对平时的调查来说绰绰有余了。

像图3-1一样，我们可以把色票放在目标物体上，读取最接近的数值（孟塞尔值）。色票是印在纸上的，所以有光泽，与外部装饰建材等的质感不一样。不过像这样将目标物体与色票并排放在一起仔细观察，就会发现乍一看是灰色的瓷砖其实略带黄色调。图3-1中的瓷砖接近色票中从下数的第4个颜色2.5Y 6.0/1.0，明度则比之略高一些，但还没有到达上面一个颜色2.5Y 7.0/1.0。也就是说，明度是居于两者之间的6.5左右。

在图3-2里，为了更为方便地观察"颜色的关系"，我遮住了色票之间的空白部分，这样能让人更容易准确地把握色票和目标物体形成的对比。日涂工的颜色样品册的附录中有图3-2中的挡板，如果没有的话，用手指遮住也能达到效果。在方便程度上手指和挡板没有什么区别。

如果只有一个颜色的话，像这样得到的测色数据就没有什么色彩含义或特征。只有将几个颜色汇集起来才能看出某种色彩倾向。但有时候即便把几个颜色汇集起来也未必能发现什么倾向，不过我们还是应将这一步作为一个前提条件，在此基础上进行设计和讨论。

测色时的窍门和注意事项

图 3-3

徐州市，江苏省，中国，2009

图 3-4

无法接近目标物体时的测量方法

与外墙和路面材料不同，在色彩调查中，有些时候我们无论如何都没办法接近目标物体。比如在测量高层建筑的外部装饰或屋顶颜色时，就需要一点小窍门。如果是屋顶的话，可以像图3-3、图3-4中那样将色票摆成和屋顶一样的倾斜角度，让光线照射到色票上的角度尽可能地与光线照射到物体上的角度相同。另外，瓦片等材料的颜色很不均匀，所以我们只能尽量去读取它的中心颜色。不过，基本不会有人近距离地观察屋顶，所以我们可以隔一段距离，把握从行人的视角"看起来是什么颜色"就可以了。

但是想正确测量屋顶颜色的时候，我就会耐心地寻找能尽量靠近目标物体的地方。不过，调查是会被"运气"因素所左右的，比如天气的好坏，又比如有好几次在民房旁边发现了堆积的瓦片。在日本的传统城镇的更新中，因为全新的瓦片与现有的城镇景观格格不入，很多时候人们会故意将新瓦片暴露在屋外，使之适度风化。自从知道有这样的习俗以后，我在调查时就开始注意脚下的物品，尤其是在古镇调查的时候。

还有一个非常重要的注意事项。如果在测量颜色的时候忘乎所以地沉迷其中，就有可能不小心进入私有土地，或者忽视"禁止拍照"等警告标识，所以请大家千万注意。拍照这件事本身就有可能引起纠纷，特别是在国外。

建议大家充分注意周围的情况，尤其是在触摸目标物体的时候，一定要环顾四周。

图 3-5

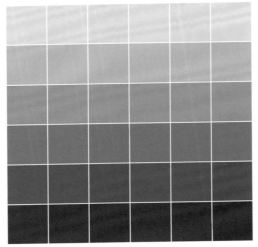

图 3-6

研究，2019

舒适感背后的秩序

有些色彩搭配虽然乍一看十分杂乱，但经过重新排列后就会变得很美观。图 3-5、图 3-6 就是一个很好的例子。上方和下方的颜色与数目完全相同，只是排列不同。由此可知，即使色群中每一个颜色的色相一样，都是 YR 系的，但如果缺乏某种秩序的话，会让人难以适从。

按照某种规则排列的色群具有阶段性或规律性的变化，这种变化会产生连续性，让人感受到节奏和统一。而这种节奏和统一带来的舒适感是构成协调的重要因素之一。另外，如果将阶段性的变化幅度精心调整到与想要表现的形象一致的话，或许能够打动观者的心。

所谓色彩搭配不只是单纯的颜色选择的问题，还包括排列时应该遵循的秩序。我认为这个秩序的度尤为重要。并不是世上的每一样事物都必须有秩序，但我相信在色彩方面，遵循某种秩序则更容易让人觉得舒服。

这种秩序在某种程度上是可以用理论推导出来的，所以我认为思考让人感觉协调的色彩搭配这件事和品位等方面没有关系。或许有人会觉得色彩搭配很难，但让人感觉协调是有条件的，而只要能掌握这几个条件，色彩搭配就不是什么难事了。

札幌市，北海道，2012　　　　　　　　　　　　　　　　图 3-7

世田谷区，东京，2013　　　　　　　　　　　　　　　图 3-8

把握颜色的倾向，将其作为线索

"眺望"风景时，人们会自然而然地选择视野良好的开阔高台，在城市的话就会选高层建筑的上层或屋顶。而在研究色彩的时候，从适合远眺的地方一览设计对象和地区，确认其与周边或背景的关系同样是不可或缺的一步。

视角转为俯瞰的话，各种事物都会纳入眼底，也能自然地注意到变化的事物（树木、花草、天气、时间等）与静止的事物（人造物体）的区别（图3-7）。设计对象虽然只有一个，但是隔一段距离再看会更容易意识到它与周围环境的相互作用，例如它会给周围带来什么影响，又会受到怎样的影响。

另一方面，越接近设计场地，视觉信息的分辨率就越高。我们可以想象在多种信息混杂的环境中决定材料和颜色有多困难，这些信息包括户外广告、繁杂的公示牌、各种各样的路面材质等（图3-8）。

尤其是在城市进行调查与设计之前，我总会想：线索到底在哪呢？从不同距离反复观察设计对象及其周边环境，至少能让我发现"当地的颜色"具有某种倾向。我认为这种倾向可以成为制定方针时的线索。

之所以将倾向作为线索，完全是基于"如何营造色彩的协调"这个观点（协调不等于同步）。具体的实现方法是尽量避免违和。另外，这样做也可以展示颜色与时间对抗的力量（→提示98）（→提示99）。

提示 92

整理条件，寻找选择的依据

对某团地现存问题与条件的整理，以及外部装饰色彩设计的方针

根据住宅楼的规模和设计进行细分，强化外观的特征

探讨经得起时间考验的色彩搭配，营造能长久保持美观的景观

对特色入口的周围进行改造，营造更有魅力的居住环境

灵活运用布局特征进行色彩搭配，适度强化每一栋楼的识别度

灵活运用现有设计进行色彩搭配，对团地资源进行再利用并提高其价值

前

图 3-9

后

图 3-10

入口周围的设计虽然有特色，但因为与外墙同色，所以辩识度低，而且老化造成的褪色很明显（图 3-9）。对此，我们施以了浓淡对比，以此来突出入口，同时探讨了让污渍和褪色看起来不明显的色彩搭配（图 3-10）。

色彩设计，2018

尝试用语言表述选择颜色的理由

在选择颜色的时候，我们将选择颜色的依据"有多明确"作为重要指标。例如，作为依据的基础，我们会整理出下列条件，特别是对于涂饰工程。

1. 是否经得起老化。
2. 能否解决现存问题（褪色和污渍等）。
3. 能否与周围环境相协调，形成适度的对比来营造新意。
4. 是否确实与非涂饰部分或颜色已确定的部分形成了色彩协调与对比。

……

每次的条件看起来大同小异，但实际上每次都有差别（虽然有大致的框架）。因为侧重点不一样，所以颜色的选择方法也各有不同。而且，并不是只要选择和罗列出条件就可以了，还需要"整理"。比如，如果只关注"防止褪色和污渍"这一条的话，就会做出"用污渍不明显的颜色就好了"这样简单且临时的反应。而如果能够整理错综复杂的条件，"在考虑到褪色和污渍的同时，为了不给人以单调的印象而根据形态的变化进行细分"等，我们可以找到更恰当、切实的选择依据。

选择的依据需要我们努力"寻找"。即使一开始是"牵强附会"，但只要有让相关人员认同的说服力，就可以成为不能简单推翻的选择依据。这些选择依据并不一定是绝对的数值标准或定量评价，而是整理条件并说明"这个颜色适合营造这种环境"，这也是我们工作的核心支柱。

蓝色与城镇

图3-11是一家位于东京南青山的西点店的外观，鲜艳的蓝色瓷砖非常有特色。一方面我会想，要解读材料与其他建材和周边的关系，就必须将这些材料的颜色换成数值，另一方面很多时候又会觉得这样做其实很无趣。尤其是当瓷砖的质感、形状、模块、接缝处的阴影等要素浑然一体地营造出了独特外观的时候，就很难只抽出"颜色"进行判断和评价，而且这么做也似乎没什么意义。

另外，也有些时候我们无论如何都想，或者必须在外部装饰上使用冷色系或鲜艳的颜色，而这些颜色在外部装饰建材中很少见。这种情况下，我觉得可以采用让材料"自带颜色"的方法。不是像涂饰那样制作"颜色涂层"，而是选择"自带颜色"的材料，让有体积感的颜色构成鲜艳的、有特色的外观。这样"自带颜色"的材料可以营造出各种各样的外观变化，这是均一匀称的涂饰很难做到的。

南青山，港区，东京，2010

图 3-11

在第二节中，我们将平时实践的色彩设计按照"流程"整理了出来，并且基于具体的事例总结了各个阶段中特别重要的项目。

这些流程只是一个大概的基准，所以并非要按照这个顺序来。不过通过意识到整体的"流程"，加强前后步骤之间的关联，我们能更容易体会"色彩设计"的意义和效果。

第二节

色彩设计的过程

图 3-12

图 3-13

1）乾正雄《建筑的色彩设计》（鹿岛出版社，1976 年）
2）加藤幸枝《色彩手册 50 个小提示》（个人版，2016 年）

过程的"食谱"化

我记得自己在 1993 年左右，刚进公司不久时曾读过《建筑的色彩设计》（图 3-12，乾正雄著，鹿岛出版社，1976 年出版）。这本书的序言中写道"很多年轻的建筑学子会对色彩领域感兴趣。但是大学建筑系中却几乎没有这个领域的专家，所以也几乎没有关于建筑色彩的书"。即使是在此书出版 40 多年后的今天，建筑领域中与色彩相关的出版物仍然寥寥无几，现状与当时相比并没有发生多大改变。

随着时代的变化，建筑和空间设计逐渐多样化，建材也发生了改变。将这些与《建筑的色彩设计》中一些使用了详细数据的内容比较，就会发现存在一些偏差。

不过，只要去掉了这些因时代不同而造成的偏差，这本书至今仍然有很大的参考价值。其中最值得称道的就是，这本书一开始就说明了量化色彩的必要性，并基于数据描述了色彩的效果和协调。后半部分则非常仔细地介绍了"色彩设计的步骤"，详细说明了在完善的色彩体系中选择颜色并进行整理的方法。

参照这个流程，再加上自己的调整，我确立了现在的方法（→提示 94）。

色彩设计的流程就像烹饪用的食谱一样，现在的我仍然在一边实践一边不断摸索着（图 3-13）。我介绍的流程只是基础，并非所有项目都适用。希望参与色彩设计的人们能自己思考适合自己的时代的方法。

色彩设计的流程

1 确认上级规划
- 确认并分析地方自治团体的条例和当地的城市建设方针（→提示 95）。
- 确认项目理念和建筑的基本设计。

2 对设计场地周围进行色彩调查
- 为了掌握设计场地周围的色彩环境，对外墙颜色进行色彩调查。
- 寻找当地是否存在特有的特色设计或材料等。
- 如果建筑在郊区的话，还要对周围的自然环境进行色彩调查。

3 提取设计形象
- 从建筑理念和色彩调查的资料中提取形象的关键词和色彩形象。
- 提取设计主题和素材。

4 确定颜色理念方案
- 在充分验证颜色理念方案与建筑理念和建筑设计的关系之后，明确项目整体的设计方针。

5 利用彩色立面图讨论色彩设计（→提示 96）
- 对考虑建筑形态做的设计进行验证，例如不同颜色或材料的分界线等。

6 选择实施方案，制定实施计划书
- 讨论如何灵活运用材料的质感和形状进行设计，同时对亮点的必要性等进行更详细的验证。

申报景观设计的有关活动（如果属于按照自治团体规定需要申报的活动的话）（→提示 95）。

7 对样品进行色彩验证（→提示 97）（→提示 98）。
- 备齐所有要使用的部件，如外部装饰面材料、窗框和扶手金属类材料等，并调整它们之间的平衡。
- 对瓷砖涂饰和屋檐导水管等室外的机械设备同样进行调整。

8 监理施工阶段的设计
- 妥善应对在施工过程中出现的规格和厂家的变化以及连接部分出现的问题等。

9 竣工后的评价
- 最好是和设计负责人一起，由设计师验证是否实现了设计方案里的色彩设计。

选择、决定颜色的系统设计

上述色彩设计流程是我们长期以来与众多相关人员分享色彩设计方法的理论基础。一方面，我们通过不断地重复掌握了这个方法，另一方面，很多时候也会确认每一个步骤的轻重缓急并加以调整，以审视这个方法是否过时。说到底我们的目的是确认"相关人员之间是否分享了到决策为止的流程"，所以这个色彩设计流程只是大致的基准之一。

在设计色彩的时候，最重要的是确定方向，然后构筑色彩设计、色彩体系，而不是看着目标物体径自选择颜色、思考方案。色彩设计流程中 1~2 的调查、分析的任务就是确定"方向"。即使打算谋求与周围的差异化，也必须先掌握现状才能确定方针。

在色彩设计流程中，重要的是"5 利用彩色立面图讨论色彩设计"。所谓"色彩设计、色彩体系"是指将规模、形状、设计、材质等抽象化并记录在色票上。可以理解为在具体设计之前选择"设计中使用的通用语言"，比如使用怎样的色群，使之形成怎样的对比或变化等。通过色彩设计，我们可以首先确立整体架构，比如掌握不同颜色之间的联系和距离，这样就更容易把握色彩间的协调。然后我们可以加以数值为指导，设想目标物体的对比度和在周围环境中看起来的样子。

所谓色彩设计的流程，就是为了选择、决定颜色而设计的体系。

基于《景观法》，景观设计的活动申报

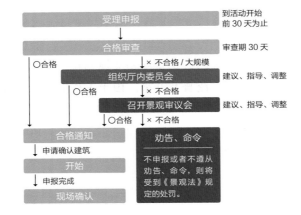

这是对景观设计活动进行申报的一个例子（甲州市）。
很多时候申报前会事先交涉、协商。

优良色彩景观的形象

× 从商店外观看不出有哪些商品或服务。

○沉稳的基调色和门帘让人感受到街道的风情。

很多自治团体会在指南上展示"优良景观"的形象，并
希望人们对此加以运用，而这些形象仅凭数字是很难描
述的[甲州市（笔者被委托制作的）"色彩景观营造指南"
中的例子]。

积极看待优良景观的塑造

在设计色彩的时候，首先要确认和把握地区条例和景观设计，这一点非常重要。2004 年实施的《景观法》是行政部门制定景观相关规划和条例时的法律依据，现已广泛普及开来。由于工作的关系，我有很多机会查看日本各地的景观设计。在此过程中，我切实感受到了各个地区都在摸索如何塑造用数值很难衡量的"良好的城镇景观"并为此付出诸多努力。

另一方面，不少自治团体在行政程序上很重视"是否符合色彩标准"。还没有实际观察和评价目标物体对实际环境和景观造成的影响，就先纸上谈兵地做出了决策。事实上，我常常听施工方和设计师埋怨行政负责人的建议和指导过于抽象、难以理解。他们其实根本就不认同所谓的数值标准。

即便如此，我还是认为《景观法》的普及对于减少"显著破坏现有环境、让很多人感觉不协调的显眼的外部装饰色彩"起到了一定的作用。而且，很多时候只要在一定面积以下就可以使用标准以外的颜色。而在有些事例中（→提示 74），只要理由明确，就可以在咨询景观审议会或听取专家的意见后使用标准以外的颜色。因此，在施工方和设计师进行事先协商和申报的时候，很重要的一点是解读景观设计和景观标准的制定意图，积极地说明他们的设计有助于提高当地的景观质量，帮助当地塑造良好的景观形象。同时，还要向行政负责人解释"数值只是一个参考"，并说明色彩之间的"良好关系"。为此，我们必须正确地理解数值。

团地外墙修缮的色彩体系的一个例子

主要部分	5YR	10YR	5Y
• 有窗框的墙 • 山墙 • 楼梯扶手墙	日涂工 15-75A (5YR 7.5/0.5)	日涂工 19-75A (10YR 7.5/0.5)	日涂工 25-75A (5Y 7.5/0.5)
• 扶手墙 • 山墙装饰 1	日涂工 15-50B (5YR 5.0/1.0)	日涂工 19-50B (10YR 5.0/1.0)	日涂工 25-50B (5Y 5.0/1.0)
• 基础部分	日涂工 15-40D (5YR 4.0/2.0)	日涂工 19-40D (10YR 4.0/2.0)	日涂工 25-40D (5Y 4.0/2.0)
• 楼梯中间墙	– (5YR 6.0/4.0)	日涂工 19-60H (10YR 6.0/4.0)	– (5Y 6.0/4.0)
• 入口房檐 • 山墙装饰 2	日涂工 19-60H (5YR 6.0/4.0)	日涂工 19-60H (10YR 6.0/4.0)	– (5Y 6.0/4.0)
• 竖框装饰 • 屋檐、大门 • 防坠屋檐	日涂工 15-30B (5YR 3.0/1.0)	日涂工 19-30B (10YR 3.0/1.0)	日涂工 25-30B (5Y 3.0/1.0)
• 入口墙 1	日涂工 19-30A (10YR 3.0/0.5)	或	日涂工 N30(N3.0)
• 入口墙 2	日涂工 N80 (N8.0)	或 "打击区"	日涂工 N85 (N8.5)
• 大门门框屋顶		日涂工 19-30A (10YR 3.0/0.5)	
• 大门内侧		日涂工 19-85A (10YR 8.5/0.5)	

在上述设计中，我们没能在纸面上确定入口墙 1 选用无彩色还是暖灰色。所以我们在讨论阶段把选择范围缩小到"明度 3 左右的深色"，然后制作了两种样品来进行最终的判断。

为了灵活利用材料的特性，选择能容纳偏差的范围

我常常觉得，色彩设计其实就是缩小、决定要使用的颜色范围的"打击区"。

这里的"打击区"有两个意思。

其一，是为目标物体的色相、明度、色度的上下限设定明确的范围。其二，是"预备一个范围，以容纳一定程度的偏差（→提示 97）"。

以周围环境的调查结果为基础，详细分析目标物体的规模和特征，在"94 色彩设计的流程"的 5~6 中决定使用的颜色的范围。以上这些，都是根据整体的关系来进行涵盖一定范围的判断。所以，从一开始就"非这个颜色不可"的情况几乎没有。

另外，建材的不同可能导致选中的颜色的效果跟预想中的效果不一样，而材料的特性（光泽感、凹凸感等）可能导致完成时的外观跟选中的颜色看起来不尽相同。很多时候，看着在自己的详细指导下完成的样本，偶尔会觉得如果再"放纵"一点或者让颜色"波动"（比如采用更不均匀或者更暗的颜色）更大一点，或许能让人更好地感受材料的存在。这让人觉得很有趣。

建筑师内藤广曾在一次演讲会中说："不是我控制材料，而是材料控制着我"。这句话给我留下了深刻的印象。不要对抗，而是要顺从素材的特性。我们要充分理解包括涂饰颜色的表现方式在内的材料的特性，并有意识地设定"打击区"来灵活运用这些特性。

浅　　指定色　　深

讨论大面积使用的基调色。
图 3-14
这个厂商的 3 种颜色涵盖的范围比较广（图 3-14）。

选择与候补的"指定色"相配的铁门涂饰的颜色。
图 3-15
每一种颜色都准备了全光泽、半光泽这两种（图 3-15）。

指定色　指定色　指定色　深　指定色　深

图 3-16
这些 10YR 系涂饰样本就是"提示 96 设定'打击区'"中所说的颜色体系。
以各色的"指定色"为基础，但在低明度部分选择了深色，使其与中、高
明度颜色的对比更明显（图 3-16）。

准备指定色及与其不同深浅的颜色

最近，我们刚刚像下面这样委托别人做了涂饰等外部装饰基调的样品。

常用于外部装饰的喷漆等：

- 尺寸是边长 600~900mm 的正方形。
- 指定色及其不同深浅色，共计 3 种颜色。

前门和扶手等铁件的涂饰等：

- 尺寸为 A4 左右。
- 指定色及其深色，共计 2 种颜色。

虽说是"不同深浅"，但并没有指定详细的数值，这是一种很难用数字表示的微妙状况。以前我也说过像"30% 左右的深色"这样的详细数值。但有时候颜色的差别不是太小就是太大，没能很好地和用于比较的样本颜色统一起来。但最近听说只要告诉厂商需要"指定色和两个深浅不一的颜色"，就能拿到适宜的样品，所以我也这样尝试了一下。

铁件涂饰的样品可以很小，这是因为它的实际面积比例就很小。另外，铁件涂饰一般不选择浅色，这是因为我们从经验中学到，铁件平滑无阴影，所以面积较大的时候会看起来很亮。

最终我们要在现场验证"多种颜色和材料组合起来时的外观"。用理论推导出的数值和用彩色立面图进行的验证到底不过是纸面和理论上的事。所以在最终讨论要用的颜色的时候，我们还是需要一个可以最后用来调节的范围。

在工地比较、选择颜色样本时的注意事项

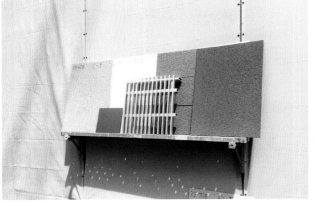

色彩样本调查，2017　　　　　　　　　　　　　　　图 3-17

首先在阴影的散射光中观察颜色

除非视角受到限制，否则通常情况下，人们都可以从各个角度看到大规模土木工程的结构和建筑。另外，日本的团地或公寓中的房间和客厅大多位于南侧，而很多位于北侧的外部走廊和楼梯间容易让人感觉较暗，特别是在中、高层建筑中。面对人们会从各个角度看到建筑的这个情况，以及建筑的某些立面的外观完全相同的这个问题，色彩设计可以对此有所帮助，比如改善或解决"颜色外观给人的印象"的问题。

关于前文中委托厂家制作的涂饰颜色的样品，首先我们要确认是否做出了指定色，其次要确认不同深浅样品的范围。然后要从面积最大的部分开始选出候选颜色，讨论这个颜色与组合里的其他颜色形成的对比并进行选择。不过我通常都会先在阴影的散射光中观察颜色（图 3-17）。这未必是一个观察颜色的好条件，但实际建成后，外观有问题的通常是北边，而且，如果对不好的条件进行了充分讨论，那么条件良好（南方、顺光）的时候通常也不会有什么问题了（当然，我们也会对顺光时的外观进行验证）。

在长期研究色彩的过程中，我逐渐发现"如何消除违和感"或许是选择颜色时最重要的事。比起只有在最好的条件下才显得"非常好"的某种颜色或颜色组合，我宁愿选择从各个角度看上去都"没有违和感的颜色或组合"。

不对单色进行判断，而是比较并观察颜色之间的关系

色彩样本调查，雅加达，印度尼西亚，2018　　　图 3-18

选择的不是颜色，而是"整体的外观"

想要吸取周围的各种意见、得到更多人的评价的话，就容易做出中庸的选择。这是我一直谨记的一点。不过，如果是在色彩设计中面临"选择最优秀的个体"还是"保持平衡让整体协调"的话，我会将天平倾向于后者，因为一直以来我都在思考如何让颜色适用于更广阔的领域、持续更久的时间。

如前文所述，我们会在顺光、阴影等不同光照条件下对指定色的不同深浅的样品进行反复验证，选择最终的颜色，但最终我们选择的与其说是一个一个的颜色，倒不如说是"每一个颜色或材料组合起来所产生的整体印象和效果"。

也就是说，为了判断组合的"好坏"，指定色会有一个深浅范围。有了比较的对象，才能设定判断的"基准"，提出判断的"依据"。当隐约觉得这个颜色更好，但很难用言语表述的时候，大多数情况下都是因为那个颜色与周围环境形成了色彩协调（图3-18）。

听从老师"应该在一定程度上进行合理解释与阐明"的教导，我一直努力在探讨和选择时履行这一点。而"比较外观，说明颜色之间的关系"可以让我们尽量避免做出自己没法说清楚、也无法对别人解释清楚的选择。

北丰岛，磐城市，福岛县，2018

图 3-19

积极看待变化和改变

从事色彩设计很长时间以后，我终于能够在一定程度上实现自己预期的效果。不过偶尔还是会觉得"再强调一下对比就好了"，或者是看到其他案例想起"哎呀，想试一下这个颜色和色彩搭配！"。

颜色，特别是涂饰的优点在于，它不是永久的。我们经常参与的翻新，通常每15~20年就有一次重新涂饰的机会。我们一直把这看成是一个大的机遇，不仅有机会改变目标物体，还可以改变周围环境。

小规模建筑和内部装饰也是如此。人的情绪和心理是多变的。随着年龄和阅历的增长，很多时候感受和喜好也会发生变化。如果能够根据状态、情绪的变化改变内部装饰，甚至换上与季节呼应的内部装饰的话会是怎样呢？在积极选择颜色这件事上，我觉得我们可以更大胆一些。

不过，外部装饰的颜色在大家都能看到的公共空间里，它的外观取决于与周围各种事物的关系，所以并不是任何事情都能随心所欲决定的（图3-19），正因为如此，本书才会一直用"小提示"这个词。希望大家能够参考本书的小提示，或者把几个小提示组合起来，尝试一下色彩设计。

如果颜色改变了，那么我们眼前的世界也一定会为之改变。今后我也仍然会持续创造出风景和环境的变化，并与大家徜徉其中。

后记 ————————————

　　100 个小提示就到此为止了，觉得如何？如果大家以此开始想"使用颜色"，或者"想出去寻找颜色"的话，就足够让我感到高兴了。

　　从学生时代的兼职开始，我从事色彩相关的工作已有约 30 年。正如在"前言"中所说，在各种各样环境中的工作让我越发觉得，比起我自己如何选择和决定颜色这件事，与相关人员适当地共享自己选择颜色时的思考和依据，还有它带来了怎样的效果和影响这一点似乎更重要。为什么是那个颜色呢？为什么必须是那个颜色呢？颜色不是单独存在的，它的外观取决于它与周围或背景颜色的关系，只要意识到了这一点，我们就会自然而然地在注意对目标颜色的评价或印象前，先注意到"颜色之间发生的事"了。

　　对象有时候是个麻烦的东西。如果换成恋爱对象，我们就可以想象当我们坠入爱河的时候，日思夜想的都是那个人。但思考与对象的关系时，我们会发现自己与对象之间存在着距离感、时机、对话密度等看不见的时间与空间，正是这些东西积累并融合起来，才构成了两人之间的关系。

　　当然，不是搞清楚了关系就能一切顺利的，因为还有契合度的好坏之分。不过，我还是希望能通过认真、仔细、坚持不懈地观察"X 与 X（例如：颜色与颜色、人与人、人与物等）之间发生的事"，来继续研究发生的种种现象以及 X 与 X 相互之间的影响（啊，我不确定这样有没有说清楚……）在本书执笔之际，我仍旧忙于每日的工作，在此过程中得到了很多朋友和熟人的鼓励和支持。借此机会，向协助我的各位表示衷心的感谢。其中，我要感谢 EAU 的田边裕之先生，是他告诉我出版社想出版此书的消息，我还要感谢学艺出版社的编辑负责人神谷彬大先生，他从本书的策划阶段开始就非常热心地提出了种种建议，帮助我完善了本书的顺序和每一页之间的关联，让此书变得更有深度和厚度。没有这两个人的努力的话，我想我也没办法完成这本书。真的非常感谢。我还要感谢设计师伊藤祐基先生，他把各种文字和照片以及插图编排得易懂又美观。本书是他参与设计的第一本书籍，很高兴他能在《色彩手册》中完成首次亮相。

从说要出版开始，至今已有约 2 年了，能够像这样以 100 个小提示的形式向大家传达我的经验和体验，我感到由衷的欢欣。书里的很多地方经历了反复的修改，与其说是为了学术的正确性，不如说是为了选择能"更恰当地"传达意思的词语。

拥有不同经验和知识的读者对本书当然会有不同的解释和评价。我想把这本书带在身边，听一听大家对此书各种各样的理解。色彩和颜色搭配能创造各种奇妙的效果和影响，而这些正可以塑造出富有魅力的城市景观，让我们一起思考和实践吧！

2019 年 8 月

色彩设计师加藤幸枝

附录 1　测色结果汇总

这里将本书上记载的孟塞尔值按照颜色体系进行了整理。
每一页的排列方式是，从左上至右下，明度和色度依次降低（排除作为外观颜色的玻璃和面积非常小的密封件等）。

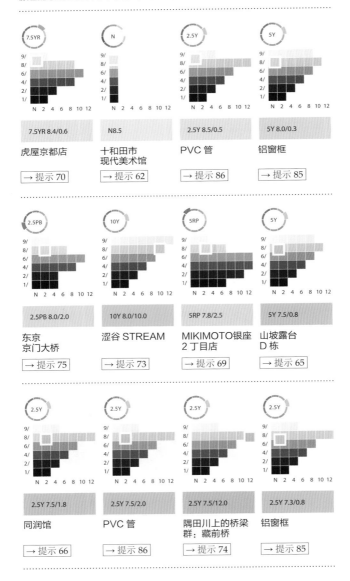

7.5YR 8.4/0.6	N8.5	2.5Y 8.5/0.5	5Y 8.0/0.3
虎屋京都店	十和田市现代美术馆	PVC 管	铝窗框
→ 提示 70	→ 提示 62	→ 提示 86	→ 提示 85
2.5PB 8.0/2.0	10Y 8.0/10.0	5RP 7.8/2.5	5Y 7.5/0.8
东京京门大桥	涩谷 STREAM	MIKIMOTO银座2丁目店	山坡露台 D 栋
→ 提示 75	→ 提示 73	→ 提示 69	→ 提示 65
2.5Y 7.5/1.8	2.5Y 7.5/2.0	2.5Y 7.5/12.0	2.5Y 7.3/0.8
同润馆	PVC 管	隅田川上的桥梁群：藏前桥	铝窗框
→ 提示 66	→ 提示 86	→ 提示 74	→ 提示 85

这样比较有助于进行对下述情况的验证：①发现近似、类似颜色；②同色系在用途、规模、位置环境不同时的外观差异；③相同明度的颜色的色度差异，相同色度的颜色的明度差异等。

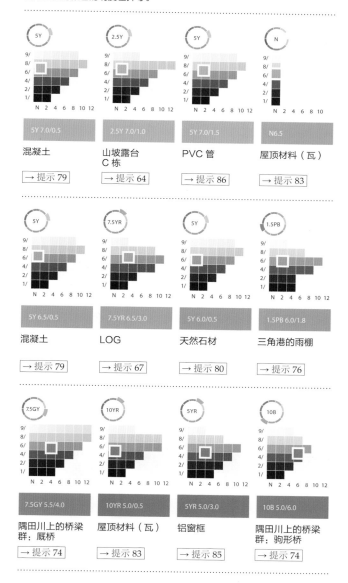

5Y 7.0/0.5	2.5Y 7.0/1.0	5Y 7.0/1.5	N6.5
混凝土	山坡露台 C 栋	PVC 管	屋顶材料（瓦）
→ 提示 79	→ 提示 64	→ 提示 86	→ 提示 83

5Y 6.5/0.5	7.5YR 6.5/3.0	5Y 6.0/0.5	1.5PB 6.0/1.8
混凝土	LOG	天然石材	三角港的雨棚
→ 提示 79	→ 提示 67	→ 提示 80	→ 提示 76

7.5GY 5.5/4.0	10YR 5.0/0.5	5YR 5.0/3.0	10B 5.0/6.0
隅田川上的桥梁群：厩桥	屋顶材料（瓦）	铝窗框	隅田川上的桥梁群：驹形桥
→ 提示 74	→ 提示 83	→ 提示 85	→ 提示 74

当然，并不是说我们要同等对待窗框之类的线材和大规模建筑，而是希望通过提取出颜色这一个要素并进行比较，让大家思考该颜色具有的特性及其带来的影响和效果。

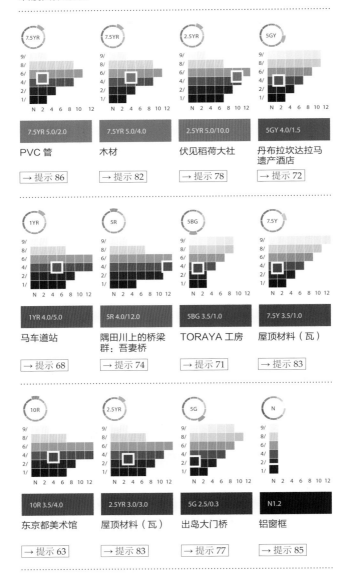

PVC 管
7.5YR 5.0/2.0
→ 提示 86

木材
7.5YR 5.0/4.0
→ 提示 82

伏见稻荷大社
2.5YR 5.0/10.0
→ 提示 78

丹布拉坎达拉马遗产酒店
5GY 4.0/1.5
→ 提示 72

马车道站
1YR 4.0/5.0
→ 提示 68

隅田川上的桥梁群：吾妻桥
5R 4.0/12.0
→ 提示 74

TORAYA 工房
5BG 3.5/1.0
→ 提示 71

屋顶材料（瓦）
7.5Y 3.5/1.0
→ 提示 83

东京都美术馆
10R 3.5/4.0
→ 提示 63

屋顶材料（瓦）
2.5YR 3.0/3.0
→ 提示 83

出岛大门桥
5G 2.5/0.3
→ 提示 77

铝窗框
N1.2
→ 提示 85

附录 2　对测色结果的分析

在下方的"孟塞尔色度图"（参照"46 建筑以外的要素的色彩①"）上绘制了 Part2"Ⅵ建筑、土木的颜色及其数值的标准"和"Ⅶ素材的颜色及其数值的标准"中提到的孟塞尔值。

这些建筑和构筑物来自不同地区，所以我们不能将从中解读出的倾向笼统地应用于自己的设计或方针的制定。但通过像这样把颜色并置比较，我们可以从它们各自的用途、领域和使用的色域中看出某种特征。

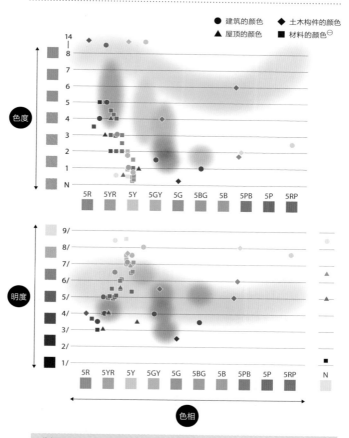

分析：
1. 建筑的颜色（●）与材料的颜色（■）类似，集中在 YR~Y 系的暖色系低色度颜色（色度约 5 以下，在 Y 系中则是约 2 以下的低色度）。
2. 建筑的颜色（●）有略低于材料的颜色（■）的倾向。
3. 土木构件的颜色（◆）比建筑的颜色的色相、色度的分布范围更广。

⊖ 对建筑的材料（木材等）进行的测色在图中记为材料的颜色（■）。

拍摄 ────────────

01…小岛刚（Tokyu Land Asia）

25、60…铃木阳一郎（+tic）

39…片冈照博（株式会社 Kotona 公司）

81…（右下角）图片提供方：富冈市

100…松崎直人

※ 除了上述内容以外，均由作者拍摄

色彩规划合作 ────────────

100 …株式会社山设计工房（设计‧监修）

协助制作作品 ────────────

60 …铃木阳一郎‧铃木知悠（+tic）

　　矶部雄一（Dear Native Co.Ltd.）

参考文献 ────────────

建築と色彩、設計の方法や論考

・乾正雄『建築の色彩設計』
（鹿島出版会、1976年）

・菊地宏『バッソコンティヌオ　空間を支配する旋律』
（LIXIL出版、2013年）

・長谷川章他『色彩建築 モダニズムとフォークロア』
（INAX出版、1996年）

色彩論の基礎や配色について

・アルバート・H・マンセル著、日高杏子訳『色彩の表記』
（みすず書房、2009年）

・ヨハネス・イッテン著、大智浩訳『色彩論』
（美術出版社、1971年）

・ジョセフ・アルバース著、永原康史監訳、和田美樹訳
『配色の設計　色の知覚と相互作用』
（ビー・エヌ・エヌ新社、2016年）

色の歴史や文化に触れる

・布施英利『色彩がわかれば絵画がわかる』
（光文社、2013年）

・フランソワ・ドラマール、ベルナール・ギノー著、柏木博監修
『色彩―色材の文化史』
（創元社、2007年）